中公文庫

文化としての数学

遠山　啓

中央公論新社

目次

文化としての数学

文化としての数学

学問は芸術とともに人間の創りだした文化の一部分である、ということを疑う人はあるまい。

したがって学問の一部分である数学もやはり人間の創造物の一部分である。そのことも自明のことであるが、しかし、そのことを素直に受けいれることには一種のためらいを覚える人がいるのではあるまいか。いや、そういう人が非常に多いのではないか、という気もするのである。

「数学を人間が創った？　どうもなんとなく納得できないな。2＋3が5になることは人間がまだこの地球上に出現しなかった何億年もむかしからそのとおりであったろう。だから人間がいなくたって成立っている真理ではないか。それを人間が創りだしたなんていうのは人間の増上慢にすぎない。」そういう風に考えている人は少なくないように思える。

そのような疑問に答えるように努力してみようと思う。

数学が人間からかけ離れた絶対的な真理であるという思想は古代から現代まで、姿をかえてたえず登場してきた。人間ではなく、神が数を創って、それを人間に教えたという思想は多くの古代宗教のなかにいくらでも発見できるだろう。

古代のみならずこのことをはっきりとのべた数学者が近代にもいる。たとえばクロネッカー（一八二三―一八九一）がそれである。彼は、

「わが愛する神が整数を創り給うた。それ以外の数は人間業にすぎない。」

この思想はいわゆる「数《かぞ》え主義」となって、わが国の算数教育に大きな影響を及ぼした。

数学が人間の創造物ではなく、天上のもの、神与のものである、という思想はどうして生まれたのであろうか。

第一の理由は、おそらく、数学という学問の発生の時期が、はるかなる古代にあったことにあるだろう。

たしかに、数学は学問のなかでもっとも古いものの一つである。四千年ほどむかしのエジプトやバビロニアでは、今日の小学生が学ぶ程度の数学はすでにできあがって

いた。だから、私たちはその時代の数学がいかなる刺激を受けてどのようにして創られたか、それを知ることができない。それは私たちが、エジプトのピラミッドやバビロニアの神殿がどのようにして構築されたかを目撃できないのと同じである。

もちろん、推測することはできる。考古学はピラミッドや神殿についての多くの秘密を明らかにしてきた。しかしまだ多くの謎が残されている。

それらの問題は石や土器などの物的証拠があるだけにまだしも研究が容易であるが、数学のように頭脳のなかで起こった思考の発展はそのような物的証拠がとぼしいだけに、推測はいっそう困難である。

たとえば古代のエジプトでは分数をもっぱら分子が1であるような分数——単位分数という——の和として表わすことになっていた。$2/5$などという分数は$\frac{1}{5}+\frac{1}{5}$とすればいとも簡単であろうと思われるのに、わざわざ$\frac{1}{15}+\frac{1}{3}$というような異なる単位分数の和として表わすことに執着した。彼らがなぜそのことに執着したかについては、いろいろの説はあるが、すべての人を納得させるに足る説明はいまのところないようである。

今日でも時間や角度の単位は六〇進法になっているが、これはバビロニアから由来したものである。バビロニアでどうして六〇進法が生まれたかについても、いろいろの説明がなされているが、定説というべきものはまだない。

このように数学は遠い古代に生まれたために、創生の過程が秘密につつまれていることが多い。したがって後世の人々はそれをすでにできあがったものとして受けとるほかはなかったのである。

第二の理由は、数学が教えられてきた、そのあり方にもある。数学は「読み、書き、そろばん」のことばからもわかるように、国語とならんで、もっとも古くから初等教育にとり入れられてきた。小学校からはじまって数学はすでにできあがったものを、天下り式に子どもに注入する、という形の教え方がとられてきたのである。したがって子どもたちは、大昔から決まったことをただオウムのように暗記すればよいものとしか受けとっていない。

そのために、たとえば算用数字の仕組みのようにもっとも重要なことがらもよくわかっていない子どもが多い。0の意味も位取りの意味も教えないでいきなり「十は10とかく」とただ教えこまれただけでは、十一を101とかく子どもがでてくるのは当然である。数学はなににもまして頭で考えていく教科だ、という建前にはなっているが、それは表看板だけで実際は暗記を主にした教科になってしまっている。

これらのことがもとになって数学が人間が長い歴史のあいだに創りだした文化の一

部分ではなく、なにか人間とはかけはなれた雲の上の理論である、という印象を与えたのであろう。

数学が非人間的な学問であるという見解と深い関係のあるのは、数学は人間の想像力や構想力とは無関係な学問だ、という考えである。

数学にかぎらず、自然科学一般は、純粋に客観的な科学であり、人間の自由な想像力のはたらく余地のない知識分野であるという自然科学観が根づよく広がっている。日本では「科学的」という形容詞は人間的な感情に曇らされることのない、すどおしのめがねのような働きを意味しているようである。

自然科学を外部からながめると、それはたしかにそのような外貌をもっている。自然科学の論文は人間的な感情をふり落とした形式でのべられている。それはデータが煉瓦《れんが》のように積み重ねられており、想像や空想のはいりこむ余地がないように見える。数学となると、数字や文字記号ですきまなく論文をうめている。したがっていかにも人間的な想像力のもつあいまいさや不確定性をもっていないものであると見なされることは無理からぬことであろう。

しかし、内部からみると自然科学の探究をすすめつつある研究者にとっては、それは外見とはまるで逆である。

探究者の前にははてしない未知の曠野が横たわっている。それは闇に包まれている。彼は想像力という探照灯を手にして、その闇のなかを進んでいる。それはぼんやりと前方を照らす。それをみて彼はさまざまな予想をめぐらし、仮説を組立て、さらに近づいて、己れの仮説が正しいか誤っているかを確かめる。多くのばあい、その仮説は誤っている。そしてその誤った仮説を出発点として、新しい仮説が立てられ、このようにして少しずつ前進していく。数多くの誤った仮説のなかから、一つだけが真理として生き残る。

もし自然科学者の眼が素通しの眼鏡のようなものであったら、誤った仮説が生まれてくることはなかったであろう。しかし自然科学の歴史はおびただしい誤った仮説の堆積の上に築かれているのである。

想像力のない人間はなにものをも創りだすことがないかわりに、誤ることもない。しかし自然科学を前進させた人々は、豊富な想像力に恵まれているために、多くの誤りを犯した人々でもあった。

たとえば近代の天文学を創りだしたケプラーは一つひとつの遊星は妙なる音楽を奏しながら太陽のまわりをめぐっているものと想像し、その音楽の音譜さえ書き残している。このように過剰なほど豊かな想像力が彼を大天文学者にしたのである。

もちろん数学とても例外ではない。数学は決して素通しの眼鏡ではなく、むしろ想像力というレンズによって組立てられた複雑な光学機械に似ている。それは現実を拡大したり、縮小したりあるばあいには歪曲したりして、人間の頭脳に投写する。たとえば微分は無限大の倍率をもつ超能力の顕微鏡のようなものである、ともいえよう。

数学が、さらに広くいって自然科学が人間の自由な想像力とは無縁である、という誤解を生みだしたものは、これまでの数学教育、自然科学教育であるといっても過言ではない。既成の知識をできるだけ多量につめこむことにのみ力を注ぎ、それらの真理が多くの誤謬を犯しながら獲得されたという過程を子どもたちに追体験、もしくは拡大的に再体験させるという不可欠な手続きを抜かしているからである。

I　数学はあらゆる分野に浸透する

これからの社会と数学

おそらくみなさんは、数学の嫌いな方がだいぶおいでになると思います。嫌いな人は、一つ手をあげてみてください（多数の手があがる）。だいぶ嫌いな人が多いようですが、私の話を聞いて、たとえ好きにはならなくても、せめて嫌いの度合が減ったということになれば、私がここでお話をする目的を達したことになります。願わくは、嫌いでないというのからさらにすすんで好きになるというところまでなっていただきたいと思います。

昔と違って皆さんがこれから勉強していくときに、どうも数学から縁をきることがなかなかむずかしい。それから世の中にでてからでも、数学からなかなか縁がきれない、という世の中になってしまったようです。昔はそうではありませんでした。だいたい数学は学校をでれば用はない、ということになっていました。私の友だちで大学をでるときに、もう卒業式を終わったからこの数学という嫌なものから縁を切りたいというので、数学の本を全部古本屋に売っ払ってせいせいしたという人もいます。

みなさんもご存知でしょうが菊池寛という小説家がいました。みなさんもお読みになったと思いますが、『恩讐の彼方に』というような小説を書いた人です。この人が大正時代の終わりにつぎのようなことをいっています。

「学校で教わった代数は、今までなんの役にもたたなかった。幾何はちょっと役にたった。二点間を結ぶ最短距離が直線だということで、これを知っているから道を歩くのにたいへん役にたった。それくらいしか役にたたない。世のなかで役にたつのは小学校でやった算数だけだ」

とこういうことをいっております。大正時代の終わり頃そういうことを書いております。大正の終わり頃には、たしかに菊池寛がいった通りだった、と思います。数学という学科は、学校で生徒を試験で苦しめるためにあるような学問であったとさえいえます。ところがこれが最近、とくに第二次世界大戦が終わってから、がらりと変わってしまって、そうはいえなくなってしまった。

これからの若い人は、数学というものを知らないと、だいぶ損をするという世の中になったようです。私は昔、よく東北地方にいろいろ講演などにいきましたが、戦争が終わってすぐの頃は、こういう質問をよく受けました。東北地方の中学生は、中学をでてからは農業に従事する、つまりお百姓さんになる。こういう生徒に一生懸命代数など教えてなんになるでしょうか、という質問を受けました。私はこれにはこまって、どう答えていいかわからなくて、「まあやっておけばなんか役にたつでしょう」としかいえなかった。

ところが最近はそういう質問は受けなくなりました。どうしてかよく聞いてみますと、農業にもずいぶん代数を使うようになった。たとえばいろいろの肥料を混合して、適当な肥料をつくるという問題が起こってきます。いろいろな肥料会社で、いろいろの肥料をつくっていますが、既成のをそのまま畑にいれてもあまり役にたたない。田や畑はみな土の質が違います。そこで自分の畑にちょうど似合った肥料をつくる必要がある。たとえば窒素がどれだけ、カリがどれだけ、そういう成分がちょうどあうような肥料を調合しなければならない。

これをやるにはみなさんの教科書にでていたと思いますが、連立一次方程式になります。これを解くことは新制中学や新制高校をでた子どもたちしかできない、おやじさんにはもうできない。だからおやじさんは、なにを若僧が、といってばかにしているけれども、その計算ができないから、若い中学や高校をでた息子に頭があがらなくなった。こうなってくると代数を知っていないとぐあいが悪い。

菊池寛のいうことは、昭和四三年にはもう通用しない。だから、私は最近東北の方へいっても今までのように「代数を教えてなんになるんですか」という質問は、もう受けなくてすむようになりました。これでたいへん助かりました。今日では「肥料の調合に代数を使いますよ」とはっきりいえるようになりました。だから、数学といちばん縁のなさそうな農業ですらそうですから、ほかのものはどしどし数学を使うようになりました。

昔の旧制高校は、文科と理科にわかれていました。それでだいたいどちらの方向へいくかということは、数学が好きか嫌いかできまった、といっていいくらいでした。数学が好きだ、あるいは嫌いでないくらいの人は理科の方へいき、数学が嫌いな人はだいたい文科へいった。理科というのはだいたい今の大学でいうと、理学部、工学部、農学部、医学部という方面で、文科というのは法科、経済、文学という方面です。だから数学が好きか嫌いかでその人の一生がわかれてしまう。ところがこれが最近はまた変わってきて、たとえば経済学をやるという人にも、数学がおおいにいるようになりました。最近は経済学者でも数学者顔負けのように数学のできる人がでてきました。それから法科でもだんだん数学がいるようになってきた。

だいぶ前の話ですが、裁判官の卵を養成する研修所というのがあって、私のところへそこの先生が学生に数学の話をしてくれ、と頼みにきました。裁判官に数学がいるんですか、と聞いたら、今はいらないけれども、もうすぐいるようになる、だから数学の話をしてくれ、というのです。今まで罪を犯した人を裁判する時、有罪か無罪かをきめる、こういう時にはあまり使わないかもしれないが、このくらいの罪を犯したら懲役なん年、罰金なん円かということをきめる、いわゆる量刑、つまり刑罰の程度をきめるときは、将来数学を使うようになるだろう。今まではかなりいい加減といってはは失礼かもしれないが適当にやっていた。それでは公平を欠くおそれがある。懲役二年にするか三年にするかというのは、まず裁判官のさじ加減であった。これを正確な資料から計算してだすようにしたい、という風になっているそうです。

裁判官の方では、一年と二年はたいして違わないかもしれないが、やられる方は一年と二年はだいぶ違います。一年余計にはいっているか一年少ないかではずいぶん違います。そういうところから裁判官にも数学がいるようになってくるというのです。

それから会社へいって会社の経営をやるという人にも、数学が必要になってきています。たとえば、あるバス会社で新しいバスの路線をつくるとき、どことどこに停留所をつくったらいいか、これもいい加減にやるよりは、だいたい人がたくさん住んでいるあたりとか、そういうところに設けるのでしょうが、これも大きな路線になると、やっぱり計算してだした方が、利益に影響があるそうです。

また最近方々に高速道路をつくっています。あれは道路公団などでつくるようですが、ここここの間に高速道路をつくれば、どのくらい車が通るか、どのくらいの料金をとったら、なん年間のうちにはうまく償却できるだろうというような計算をちゃんとしてから、計画に移るのです。そうしないとあんまり利用もしないところに、たくさんの金をかけて高速道路をつくっても役にたたない。どこがいちばんいいかというようなことも、数学で前もって計算して初めてとりかかるのです。

ですからみなさんのなかで自分は行政官になりたい、あるいは会社の経営がやりたい、という人も、自分は数学が苦手で、式をみると頭が痛くなるというのでは、仕事がうまくやれないことになります。表面にはあまり使っているのがめだたないのですけど、数学は楽屋裏ではたくさん使われています。

みなさんは東京へいかれて、新しい名物になった三六階の霞ヶ関ビルを見物されるでしょう。これは方々からみえますが、これも、地震国であゝいう高い建物をたてて大丈夫なのか、誰でも不安に思うでしょう。大丈夫だという答えをちゃんとだしたのはやはり数学の力です。

地震はいろいろなゆれ方をします。こういうゆれ方をしたら、建物はこういうゆれ方をする。またこういうゆれ方をしてもこわれない。どんなゆれ方をするか、ということを表わすには、非常に複雑な方程式をたてねばなりません。みなさんがやっている連立一次方程式は、あれはたぶん三元ぐらいでしょう。つまり未知数が三つある。x、y、zぐらいです。ところが四元の連立方程式は相当やっかいです。未知数が四つあるのを一つずつ消していって、最後にだすというのは相当やっかいです。三六階の安全度を計算するには、どのくらいの未知数があるのかというと、なん十とあるそうです。たとえば五〇元の連立方程式をたてる。これは式はわりあい簡単にたちますが、これを消去してやるのはたいへんな苦労です。人間ではとてもできません。

そこで電子計算機を使って計算するのです。その電子計算機をつくったのはやはり数学です。だから三六階のビルをつくったのは電子計算機だ、といっても過言ではありません。その電子計算機はどこにもみえないから、見物にいく人は誰も気づかない。じつは縁の下の力もちをしているのは電子計算機というわけです。

このようにあらゆる方面に数学が使われるようになった。これはだいたい第二次世界大戦が終わってからの新しい傾向です。ですからさっきみなさんは嫌いな人がたくさん手をあげたけれども、数学を知らないと非常に損をするという、嫌いな人にはまことにお気の毒な世の中になってしまったわけです。ですからひとつ好きになってもらいたいのです。

数学と現代文化

数学は雲の上の仙人のやる学問だ、というのがこれまでの常識だった。ところが仙人ならぬ生きた人間が雲をつきぬけて月までも、あるいは金星までも行けるようになった今日では、数学も仙人の学問ではなくなって、生きた人間にとって欠くことのできない知識となってきた。

実生活のほうが数学に近づいてきたのか、それとも数学のほうが実生活に近づいてきたのか、おそらく両方だと思うが、数学と実生活の接触点はこれまでになく大きくなってきた。これまで数学が使われたのは、自然科学のなかでは物理学や天文学ぐらいのもので、ほかに保険会社のアクチュアリーが統計学を使うくらいのものであった。ところが、ここ数年来、様子が急に変わってきた。数学が自然科学の広い部分はもちろんのこと、社会科学の全般にわたって利用されるようになったのである。

電気の回路を組み立てるにも数学が欠くことのできない指針となるし、数学の一部分である記号論理学も有効になってくる。あるいは雑音の研究には一般化された調和解析が必要になるが、これは数学のなかでも近年になって新しく開拓された部門である。三〇〇年前にできた微分積分学が工学に利用されるという、のんきな形ではなく、数学のなかでも最先端の部分がすぐさま応用される、という形になってきている。

逆に応用の必要から数学の新しい部門がつくりだされていくことも、いくらでも起こりうる。情報理論の発展にうながされて、エントロピーという新しい概念が確率論のなかに登場してきたこともその一例であろう。そうなってくると理論と応用を区別すること自体が時代おくれだということになってくる。

社会科学のなかにも数学的な方法はどしどし侵入していく。これまで数学を使うのが近代経済学、数学を使わないのがマルクス経済学と相場がきまっていたが、近ごろはそうでなくなってきた。社会主義国家でも国家的な経済計画を立てるさいに、ＬＰのような数量的な方法を使う必要が起こってきたからである。数量的な方法は一定の条件のもとではきわめて有効であり、これは行政や管理の仕事にも適用できるはずである。たとえば今日大問題になっている大都会の交通マヒなども、数学の力をかりなければとうてい解決はできないだろう。だから、その方面の仕事にたずさわる人は、ある程度の数学を使いこなす必要がどうしても起こってくるにちがいない。

数学はまた芸術のなかにもはいりこんでいくだろう。スイスの数学者Ａ・シュパイザーは群の考えをはじめて適用して、この方面の研究に先鞭をつけ、建築家のル・コルビュジュに深い影響を及ぼしたが、ちかごろの若いデザイナーたちが数学からなにかを学びとろうとしているのも偶然ではない。

このように、科学技術はいうに及ばず社会科学から芸術に至るまで、現代文化のあらゆる局面に数学が登場してくることは二〇世紀後半の特徴であろう。このような時代に活動するためには、ある程度の数学を身につけることが、どうしても必要になってくる。そのことに気づいて、おくればせながら数学を勉強しなおそうと思っている人々は多い。しかし多くの人々はつぎのように考えて立ち止ってしまうのではなかろうか。

「数学が必要なのはわかるが、この年になって、幾何、代数、三角などをもう一度やりなおすのはやり切れない。どうしたものだろうか？」

新しい数学を学ぶのに昔のように曲りくねった道を通る必要はなく、もっと手軽な近道がいくらでもある。そのような近道もできるだけ公開するようにしたい。

専門の違った人たちとダベってみる　その一

数学とほかの科学との関係ということもたいへん大事な問題だと思います。数学というのは、ほかの学問とは趣きを異にしています。簡単にいうと数学には固有の領土というのはないのではないでしょうか。物理学はだいたい、小さい世界では原子とか原子の集まりとか、あるいは大きな世界では宇宙というように研究の対象がはっきりしていますけれども、数学にはそれがないのです。研究対象でいろいろ課題を決めるというわけにはいかないのです。だから数学は、地球の上に漂っている空気みたいなもので、どこにでも移動できるのです。

だいぶ前に、〈相対性理論〉とか、〈量子力学〉というものが出てきて、めざましい発展をし、これがいろんな科学に広がっていきました。なかば冗談に「物理帝国主義」ということばがいわれたことがあります。狭い縄張りをもったいろんな学問が単一の原理によって統一されてくることは当然です。

数学という学問が最近またひと昔前の物理学のように、いろんなところへ進出していることは事実です。しかし、これは帝国主義ではない、つまり領土を侵略することではないわけで、ちょうどユダヤ人のような広がり方ではないかと私は思います。ユダヤ人は、昔からいろんな国へいって実権をもっています。数学もいろんな学問の中へ、ポツンポツンとはいっていく、これはさきほどいった数学の性格から当然なことで、ものは違うけれども同じ型の法則をまとめて研究するのが数学だとすると、数学はどんなものの中にでもはいっていけます。

最近、この東京工大だけをみても数学科でないほかの学科の中に、数学者がだいぶはいりこんでいます。これはユダヤ人的といっては失礼ですが、数学の性格をよくあらわしていると思います。

そういう性格だとすると、数学という学問は、科学全体の中でどんな役割を果たすべきでしょうか。数学というものは、対象は違っているが法則の型、すなわち構造が同じだということをやるのですから、同型という原理はいろんな違った学問を結びつける働きをもっています。こういうことは学問の世界でたいへん大事なことでないでしょうか。

つまり、いまの学問はあまりにも専門化して、いわゆるたこつぼになっているといわれておりますが、これではやはりだめなので、いろんな学問が、できるだけ単一の原理で統一されるようになるということが望ましいと思います。とくに日本ではそういうことがいえます。いろんな学問がほんとうにたこつぼのようになって、お互いになにも知らない。もちろん、これは歴史的な原因があると思います。日本人は科学が一つの苗木から発展して大きな木になった体験をもたない、大きな木になってしまったものの、一方の枝から実を取ってきて、別の枝からまた実をもってくるというようなことを、明治になってからやらざるを得ませんでした。こういうことは、科学の用語の中によく出ていると思います。最近はどうかしりませんが、同じことばが部門別によってみな違います。たとえば、英国ではplanet――日本では遊星といったり惑星といったりしていますが、これを東京大学と京都大学でどちらかが遊星といい、どちらかが惑星ということばを使っていたそうです。こういうことは、中で交流がないことからきているのです。お互いに話し合いがあれば、どちらかにしようじゃないかということになりますが、それがないから違ったことばを使っても、いっこうに不自由を感じなかったわけでしょう。

ヨーロッパは日本ほどひどくないと思います。とくにヨーロッパの近代の科学が生まれてきた最初のころは、たとえばニュートンとか、あるいは化学者のボイル（Boyle, 1627-1691）とかいう人たちがイギリスで活躍したころはみんな友だちであり、ある日を決めて、専門の違う人たちがダべる会をやっていた。それがだんだん本式になって、今日のイギリスの、Royal Society ができたといわれておりますが、日本にはそういう歴史がないのです。

これはどこでもそうですが、私もこの東京工大に二十何年おりますが、違った学科の人と、あまり学問の話をした経験はありません。最近、ほかの分野でめざましい発展がなされていて、隣りの研究室までちょっと顔を出せば簡単に話を聞けるのに、そういう習慣がないし、失礼なような気がしたり、勉強のじゃまをするような気がしたりしてなかなかいけません。しかし、いってみると寸暇を惜しまず勉強をしているわけでもないようです。これはたいへん惜しいことだと思います。物理学でも、生物学でもわれわれの知らないようなものが、どんどん発見されていますが、それをお互いに話し合わないのは残念なことだと思います。

こういう交流がないと、少なくとも日本でのほんとうの科学というのは出てこないと思います。日本の学問は、私はデパートよりもっと悪いと思うのです。デパートは家具を売っているところと洋服を売っているところは、お互いに連絡はあると思いますが、日本の学問は東京駅の名店街みたいです。有名店の支店がいろいろ並んでいるが、お互いにおそらくなんの連絡もない。日本のばあい、学問の世界では本店というのはどうも外国にあるらしい。こういう状態は、もう明治も一〇〇年経ったのだからそろそろ直ってもいいのではないでしょうか。私がいるうちはできなかったのですが、やめてからぜひそういうことをやってもらいたいと思います。

たとえば教授会が始まる前に、一時間ばかり専門の違った人が誰にでもわかる話をすることはたいへんいいことだと思います。実は教授会の集まりが悪いので、人寄せのためにやるというのであってもいいのではないかと思います。専門の違ったことを本で読むのはたいへんしんどいので、やはり話を聞くのがいちばんです。そのためにはもう少し、学生のほうも、先生のほうもひまをつくらなければなりません。私の年来の主張ですが、講義は午前中だけにして、午後は好きなことをやったらよい。朝の九時から四時ごろまで講義はありますが、人間の注意力というのはそんなに続かないと思います。たとえば、映画館に朝八時半にはいったとして、四時までいてごらんなさい、一日でくたくたになるでしょう。つまり講義は映画をみているときほどの注意力をもっては聞いていないということです。そういうたいへんむだなことをやっているということです。学生諸君は適当に講義をさぼっているようですけれども、講義のやり過ぎというのは、やはり問題ではないかと思います。午後は講義をしないという原則を立てると、たいへん中味も compact になってよくなる、そしてひまをつくって、違った専門の人がダベるのです。ダベるということは大事なことだと思いますから、これからぜひそれをつくってもらいたいと思います。

専門の違った人たちとダべってみる　その二

物：物理学者　生：生物学者　経：経済学者　数：数学者

物　こうやって顔を合わせるのは何年ぶりかな。

生　この前会ったのは〇〇先生の還暦記念会だったから、もうかれこれ一五年にもなるだろう。

経　一五年にもなるかね。あのころから、だいぶ世の中も変わった。ぼくの専門の経済学もだいぶ雲行きが変わった。おかげで追いつくのに大汗かいている。

物　学問全体が大きく変わったといえるだろうね。

生　その点では生物学もご多分にもれずというところだ。

物　そういう大きな学問の変貌のなかで、際立った特徴の一つは数学があらゆる学問のなかに浸透してきたことだろう。

経　同感だ。おかげで、こちらは数学の勉強のやり直しをさせられている。

数　あれほど数学嫌いだった経済学者が、あわてて数学をやりだしたとは、少しばかりいい気味だな。

経　一本とられた。むかし若気の至りで、経済学は数学とはなんのかかわりもない、などと宣言したことがあったようだ。

数　それは覚えている。ところが、君たちのマルクス大先生は大の数学ファンだった。その点でも弟子は先生にかなわない、ということになるか。

生　へえ、それは知らなかったな。

数　近ごろ、マルクス先生の数学ノートが出版された。独学で微積分を勉強したときのノートだが、数百ページに及んでいる。

経　ああいう超人を引き合いに出されてはかなわん。これから勉強しようという人間にはもう少しお手柔らかに願いたいものだ。

生　数学嫌いになったのは、嫌いになった奴も悪いが、昔の先生にも責任の一半はあるね。数学が他の学問に役だつことを少しも教えてくれなかったからね。むしろいろいろの分野に応用するなど、数学の堕落みたいにいっていた。

数　それは認めるよ。数学嫌いを大量生産したのは九九パーセントまで数学教師の責任だと思う。

経　ぼくらが教わった数学といま必要になっている数学はだいぶ違うらしいな。

生　昔の数学は一言にしていえば、計算術みたいなもので、几帳面にやりさえすればよかった。数学はなによりも自分の頭で考える学問だといわれていたが、それは看板倒れで、実際は計算術みたいなものに過ぎなかった。だからおれは嫌いだった。

数　それはまったくその通りだった。しかし数学の本質はまったく別のところにあるのだ。集合論の創始者カントルは、「数学の本質は自由さのなかにある」といっているくらいだ。

経　どうもそうらしい。近ごろ僕が独学でやり始めた数学はORでもLPでもシステム論でも、昔教わったサイン・コサインとは似ても似つかぬもので、これならおもしろそうだと思っているところだ。

物　そういえば群論などおもしろいね。昔はまったく教えてくれなかったが……。

生　情報理論などもやりだすと案外わかるね。

数　そんなものだよ。君たちは自分の専門に深入りして、そのうえで数学の必要を感じてから、やりだしたのだから、よくわかるようになったのさ。

物　それにしてもむかし学校で教わった数学との断絶が大きすぎるような気がする。

数　たしかにそうもいえそうだ。君たちが教わった数学はせいぜいのところ一九世紀の近代数学までだ。二〇世紀に入ってからの現代数学は学校では全然やらなかった。ところが、君たちがいま必要としているのは主として現代数学なのだ。そこに食いちがいがある。

生　近代数学と現代数学とはどう違うのか。そこのところを説明してもらいたいね。

数　同じ数学だから、一方が２×２＝４で、他方が２×２＝５となるわけではない。しかし、ものの見方はかなり違っている。そこのところが、ちょっとむずかしいだろう。

経　そのへんがどうもわからない。

数　なんでもものはその起こりから説明すると、わかりやすいものだから、古代の数学からはじめようか。急がばまわれというからね。

物　数学はいちばん古い学問だろう。そこから説明するのはたいへんだろう。

数　いやたいしたことはないだろう。新石器時代にはいって、大河のほとりに文明の中心ができた。エジプト、バビロニア、インド、中国等だ。これらの国々に生まれた数学を古代数学とよぶことにしよう。それらは、農業を中心とした国家であったから、そこで生まれた数学も同じような内容、同じような程度のものだった。耕地の面積、収穫量の計算、神殿の建築、大河の治水工事などのために必要な数は整数、分数、小数であり、計算としては加減乗除、まれには平方根が現われていた。この時代の数学書をくわしくしらべてみると、逆に社会のありかたが、かなりの程度までわかるくらいだ。

経　そういうところからみると、数学といえども社会の要求するレベルからあまり先に進むことはない、といえそうだね。

数　大まかにはそういえるだろう。とくに古代ではそのことがかなりはっきりみてとれるにちがいない。もっとも現代に近づくにつれて、そのことはあいまいになってくるが……。

物　社会の必要としない数学がだんだん多くなってくる、という意味か。

数　簡単にそうはいえない。「社会的要求」とはなにか、ということが、だんだんはっきりしなくなることと、数学という学問の相対的独立性がしだいに前面にでてくる、ということだろう。だが、ここではその問題に深入りすることはやめて、先を急ごう。古代数学の大きな特徴は、「証明」というものがないということだ。「ない」といい切ることは危険だが、「ほとんどない」とはいえるだろう。

生　つまり古代数学は経験的であったということか。

数　そういえるだろう。もう一つ、演繹的でなく、帰納的であった。それが第二の特徴だ。

物　今日のように定理――証明という形はとっていないわけだね。

数　そのとおりだ。定理――証明という形が出現したのはギリシアからだ。

経　それは数学の歴史からすると画期的なことだったわけだね。

数　人によっては定理――証明という形が現われたとき、本当の数学が生まれた、という人もあるくらいだ。もっともその意見には賛成できないがね。

物　ギリシアの数学というのはむかしの中学でやった初等幾何のことになるかな。あれは定理――証明のくりかえしだった。

数　あの形の幾何を集大成したのが、アレキサンドリアのユークリッドだった。彼の『原論』はそれを体系化したものだ。

生　そこで古代が終わることになるのか。

数　そのとおり。『原論』が一つの区切りになって中世の数学が始まる。

経　それはどういう意味で中世的なのか。

数　もっとも著しい特徴は動的ではなく静的だということだ。これは中世的思想の普遍的特徴ではないか。

物　しかしユークリッドから少しおくれて現われたアルキメデスは、必ずしも静的な世界に閉じこもっていたわけではないね。

数　そのとおりだ。彼はおそらく空前絶後の天才で、あの時代に微分積分学の入口にまで進んでいたといえる。しかし彼の達成は長らく理解されず、中世数学を変えるには至らなかった。

生　一種の早く咲きすぎた花みたいだな。歴史には往々そういう狂い咲きの天才が現われることがある。

経　中世数学が清算されるのはやはりルネッサンスの時代になるのか。

数　大まかにはそういえる。静的な中世数学の限界が意識されて、運動や変化を探究するのにふさわしい数学が少しずつ生まれてくる。それがはっきりした形をとるのはなんといっても一七世紀のデカルトの「幾何学」だといえる。

物　座標を使うと運動や変化をうまくとらえることができるからな。

数　だから動的な近代数学はデカルトからはじまったといえる。それは同じ幾何学でもユークリッドとは根本的に異なった性格をもっている。

生　そういえば解析幾何を教わったとき、中学でやった初等幾何はなんの役にもたたなかったことを覚えているよ。

数　デカルト自身がそんなことをいっている。「私はこの幾何学をつくるに当たって、ユークリッドからはピタゴラスの定理と相似三角形の定理以外はなに一つ借りなかった」とデカルトは書いているくらいだ。

物　デカルトのはじめた運動と変化の近代数学をさらに推しすすめたのが微分積分学だということになるわけか。

数　まさにそのとおりだ。運動と変化を瞬間におけるそれに分割したのが微分であったし、それを再びつなぎ合わせるのが積分なのだ。

物　微分積分学をつくり出すための直接の刺激となったのはやはり力学だったといえるだろうね。

数　歴史的にはたしかにそうだった。一六世紀から一七世紀にかけての最大の問題はなんといっても太陽系の構成とその運動法則であった。ガリレオとケプラーとが、その秘密を明らかにしたが、彼らにはそれを一般法則化することはできなかった。それをなしとげたのはニュートンであったし、彼はその目的のために微分積分学を創りだした。

物　微分積分学はニュートン力学とわかちがたく結びついていたわけだな。

数　そのとおりだ。ニュートン、ライプニッツ以来一九世紀まで微分積分学を原型とする解析学が数学の中心をなしていたといってもいい過ぎではない。

物　数学そのものがニュートン力学的な構造をもっていたともいえるだろうね。

数　少なくとも近代数学はニュートン力学的だといえるだろう。そのもっともいい例としては近代数学の主要概念である「関数」がそういう性格をもっている。

$$y=f(x)$$

という関数において x は原因、f は法則、y は結果という形をとることが多く、$y=f(x)$ は因果法則の抽象的表現だとみなしてもいいくらいだ。それは原因によって結果が一通りに定まるニュートン力学的な因果法則の形なのだ。

物　そういう意味で微分方程式の重要性がクローズ・アップされてくるわけだな。

数　量子力学が生まれる以前までは、理論物理学の仕事はすべて微分方程式を解くことだ、と思われていたらしい。

生　ぼくらの学校で教わった数学は結局微分積分を中心とする近代数学までだったということになるか。

数　そういってもよいだろう。ところが二〇世紀になって現代数学というべき新しい数学が生まれたのだ。

経　その開祖は誰だね。

数　人によって見方は違うかも知れないが、それはヒルベルトという人だといってよいだろう。一八九九年に出た『幾何学の基礎』が現代数学の出発点になったといえるだろう。

生　みな幾何学ではないか。ユークリッドもデカルトもヒルベルトも時代の区切りになったのは三つとも幾何学だというのは不思議だ。

数　それは必ずしも偶然の一致ではないと思う。幾何学は実在と数理との関係を問題にせざるをえない部門だからだ。

物　ヒルベルトの新しさはどこにあるのか。

数　彼の本には定義というもののないことに気づく。定義というのは点、直線、平面などの数学的概念の実在的意味づけをおこなうものだ。つまり定義とは数理と実在を結びつけるパイプなのだ。

経　ヒルベルトにはそのパイプがないとすれば、数学は実在から遊離してしまうではないか。

数　そのとおりなのだ。少なくとも一応は遊離したことになる。

生　それでは数学は観念の遊戯になってしまうだろう。

数　その危険もたしかにある。しかし一歩踏みこんで考えると決してそうではない。

一つの例をとろう。初等幾何で図形の合同と相似という二つの概念があったろう。この二つはかなり性格の違った概念なのだ。合同は二つの図形をぴったりと過不足なく重ね合わせることができることだ。それは同一性からきている。ところが相似となると、同一性とは違って、重ね合わせることではない。二つの図形の対応する角が等しく、対応する辺が比例するということで、要約すると、二つの図形のそれぞれの内部構造が似ているということなのだ。これは同一性ではない。むしろ同型性というべきものだ。大きな図形と小さな図形は重ね合わせることはできないが、相似ではありうるわけだ。

生　そういえば、生物でもまったく違う動物が相似でありうるのと似たようなものかな。

数　相似をもっと一般化すると同型という概念がでてくる。一つの例をとろう。人間の血液型は四つあるね——もっとも、最近ではもっと細分されているらしいが——。O, A, B, AB の四つだ。ところがこの四つの血液型は無関係ではなく、一方から他方へ輸血できるか、できないか、という関係をもっている。これを図式にかくと上のよ

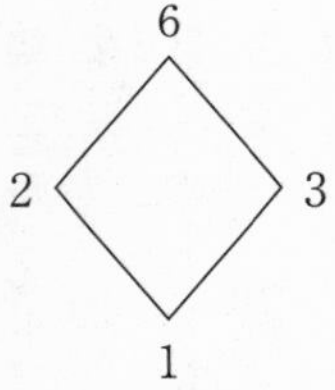

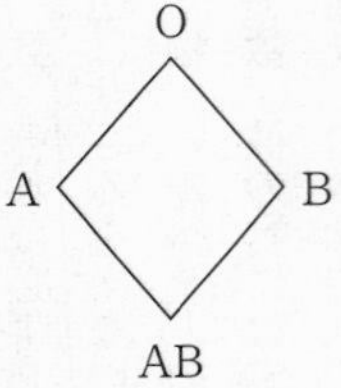

うになっている。これは棒でつないだ上のものは下のものに輸血できるという意味だ。もう一つの例をとってみよう。6の約数全体も四つある。1、2、3、6がそれだ。これも一方が他方の倍数になっているという関係で結びつけられている。図示すると、前頁のようになっている。これをさきの血液型の図式と比較してみたまえ。

経　なるほど、ものはまるで違うが、関係の型は同じだね。

物　つまり二つは同型だというわけか。

数　そのとおりだ、血液型と6の約数はものとしてはまるで無縁なものだ。しかし、おのおのの内部的相互関係の型は同じ、つまり同型なのだ。

生　おのおのの内部構造が相似だといってよいだろうな。

数　そのとおり。期せずして構造ということばがとび出してきたが、まさにその構造（Structure）という概念が現代数学の中心概念なのだ。

物　そのことばはヒルベルトがつくったのか。

数　いや。構造ということばを使いだしたのはヒルベルトではなく、フランスの若い数学者集団ブルバキだ。しかしヒルベルトはまさに幾何学を構造としてとらえていたわけだ。

経　少しばかりわかりかけたようだ。構造というのはそれを構成しているものの質の違いを棚上げにして、その相互関係の型だけを抽出して得られたものなんだな。

数　まさにそのとおりだ。

経　そうすると、一つの構造が異質のもののなかにいくらでも発見できることになるな。

数　構造とはそのようなものだ。

経　そうすると、構造を探究する数学は自然科学ばかりではなく、社会科学や人文科学ともかかわり合うことになるわけだ。

数　同型の構造がみつかりさえすれば、数学はどんな学問のなかにも人見知りせずにはいりこんでいく。

生　そうすると、数学は自然科学とはいえなくなるね。

数　そのとおりだ。「構造の科学」とでもいったらぴったりするかもしれない。

物　しかし、数学の研究対象をすべて構造だと言ってもいいかしら……。疑問だな。

数　たしかにそうだ。ブルバキは構造を建築物にたとえているが、それは建築物のように空間的であり静的であり、そして一つの完結したもの、数学的にいうと「閉じた」ものだ。ところが、一方において、時間的であり動的であり、未完結で「開いた」思考法も無視することはできないのだ。これはアルゴリズムということばで代表されている。

物　そのほうはむしろ近代数学に近いわけだね。

数　ある意味ではそうだ。しかし近代数学には構造という考えはあまりない。おそらく、両者を統一するものが将来でてくるかも知れないが……。

生　生物というものは構造をもちながら、しかも変化している。そうなると、数学が生物学に近づく、というわけか。

物　アインシュタインは空間と時間を融合して四次元の世界空間をつくったが、これに似たものがでてくるかも知れない。

数　もっとも空間と時間の対立は根深いものでそう簡単に融合はできない。その対立が鋭くでるのは無限の問題だ。アリストテレスは無限を時間的にとらえた。それはあらゆる大きさを追い越す動的な可能性であり、それは未完結の開いたものであった。これにたいして、カントルは無限を空間的に、静的に、そして閉じたものとしてとらえた。アリストテレスの可能性の無限の延長線上にあるのがアルゴリズムで、カントルの実無限の延長線上にあるのが構造だといえないこともない。

経　現代数学の性格がおぼろげながらわかったような気がする。これからときどき数学者の話をききにいくことにしよう。

生　日本では専門の違う研究者がダべる機会がほとんどないね。

数　同感だ。われわれ悪友同士だけでもそれをやっていきたいものだ。

生　つぎの機会に物理学者から素粒子の話をきかせてもらおう。

Ⅱ　数学はどんな学問か

数学は単純で素直である

子どもを学校にやっている親にとって、いちばん大きな関心のまとになっているのは算数ではあるまいか。算数はできる、できないがはっきりしていて、できないとなるとどうにもごまかしがきかないのである。

あるところで子どもの生活環境と学科のできぐあいとの関係を調査したら、算数がいちばん生活環境の影響を受けないことがわかったそうである。つまり貧乏な家庭の子どもでも、できる子どもはできるし、金持ちの子どもでも、できない子どもはできないのが算数だということになったそうである。これが社会科などになると、生活に余裕があって本や雑誌を豊富に買ってもらえる子どもがやはりできるし、貧しい家の子どもはできが悪いという結果になったという。

つまり算数はいちばん庶民的で公平な学科だということになりそうである。数学という学問がやはりそういう傾向をもっている。歴史はじまって以来の大数学者を三人あげよといわれると、まず誰でもアルキメデス、ニュートン、ガウスを候補者にあげるだろうが、この三人の大数学者の出身階級をしらべてみるとおもしろい。アルキメデスは貴族の出で、ニュートンは農民、ガウスは煉瓦《れんが》工の家に生まれた。三人のうち二人までが労働者や農民の出身であることは、やはり数学が公平で民主的な学問であることの証拠になっているといえよう。

算数は原理がすこぶる簡単であって、その簡単な原理をよくつかんでそれを系統的に適用していけばよいのだから、別に本をたくさん読む必要はないし、もの知りである必要もない。正直でねばり強い子どもにならできるようになっている。

だから小学校に入りたての子どもはたいてい算数が好きである。算数の単純でイエスとノーのはっきりしているところが、幼い子どもたちの気持にぴったりくるらしいのである。ふだんできないと思われている子どもでも勉強していって答が合えば満点がもらえるし、先生だって計算ちがいをしたら生徒にあやまるほかはない、というのが算数なのである。

しかし年がたつにつれて算数ぎらいがふえていって、おとなになっても数学の試験で答をかけない夢をみてうなされる人が少なくないのはなぜだろうか。

その原因を考えてみると、どうも非は算数や数学の教育法にありそうである。だからおとなになっても数学に弱いと自認している人も安心して可なりである。結局、必要でもないむずかしい問題を解かせて人為的に数学ぎらいを大量生産していたということになる。

まず第一に小学校でやらせていたむずかしい応用問題が算数ぎらいをつくっているらしい。本当なら代数という強力な武器を使って解くべきものを算数だけでやらせるのだから、無理になってくる。どうしてもクイズ的な技巧が必要になってくる。子どもによっては知能的にはすぐれていても、ひねくれた考えかたの嫌いな子どももいるが、そういう子どもはこういう問題をやらせると、算数ぎらいになる。

ひねくれた応用問題をやらせると頭がよくなる、という考え方があるが、そんなことはなさそうである。私はそんなことは迷信だと思っている。

中学にいくと因数分解というのがあって、これも、やると頭がよくなるといわれているが、やはり迷信ではないかと思う。また因数分解の技術が数学という学問の体系のなかでそれほど重要とも思われないのである。

また中学で昔やった初等幾何のむずかしい問題もそういうものの一つであって、数学ぎらいをつくるのに大いに貢献したものである。学問としての初等幾何はもうまったく袋小路にはいっていて、鉱石のでなくなった廃坑のようなものである。これまでの中学の教育はその廃坑を一生懸命に掘らせていたわけである。

教育のなかにこういうむだなものがいつまでも残っているのは、大部分は入学試験のせいである。むずかしいひねくれた問題を入学試験に出すと、受験者はそういう問題をますますやらされる。入学試験は落とすためにやるのだから、問題はますますむずかしくなってくる。そのような悪循環で止まるところを知らずということになるのである。

このようにして算数ぎらい数学ぎらいが大量生産されていく。

しかし数学という学問の本性はもっと単純で素直なもので、実際に使われるのはそういう単純で素直な部分なのである。ひねくれた考え方の必要なのは人間どものつくった試験問題で、自然のつくった問題はもっとやさしく平明なものであることが多い。

数学は特殊な言語である

二月のこえをきくと、大学はにわかに忙しくなる。年度末の予算のしめくくりや来年度の計画など、いろいろあるなかで特に骨の折れるのは入学試験であろう。

その入学試験をめぐって、先日こんなことが話題になった。昨年の入学試験で数学が満点で不合格になった受験生がいるというのである。総点のなかで数学の占める比率は大きいのだから、他の科目を普通にとっていたら楽々と合格していたはずなのにその受験生はよほど出来が悪かったようである。

そこで問題になったことは、そういう受験生は将来のびるだろうか、ということであった。いろいろの意見が出されたが、結局そういうのはあまりのびないだろうということに落着いたのである。特に語学が極端にできない人は数学のほうもたいして期待はできないということになった。

そういえばひとかどの数学者で語学が不得意という人はあまり見当たらないように思われる。もちろん実験的な科学や工学の分野では語学は不得意でも優秀な人はいくらでもいるようである。しかし数学は事情が少し違う。

がんらい人間には観念をいじくることの好きなタイプと、物をいじくることの好きなタイプとがあるようだ。数学の好きな人は前者のタイプで、したがって観念をいじくる語学に向いているのではないか。後者のタイプに属するのが実験科学者や工学者であって、語学が得意でなくてもふしぎでないような気がする。要は人間の能力のタイプの問題ではあるまいか。

たしかに数学と言語とはどこか似たところがあって、人間の能力という点からみると、奥底ではつながっているように思われる。

最近、電子計算機の進歩に伴ってパターン認識ということが問題になってきた。一方に最新式の電子計算機をおき、他方に二、三歳の幼児をおいて比べてみるとき、幼児がずば抜けて立ち勝っていると思われるのはこのパターン認識である。幼児はいちど「あんよ」ということばをおぼえると、自分の足も、母親の足も、お人形の足もみな同じ「あんよ」だということを知ってしまう。ほとんど「霊妙」とでも形容するほかにない能力なのだが、それを子どもたちはどこから得たのだろうか。この点では最新の電子計算機といえども足もとにも及ばないのである。

この驚嘆すべきパターン認識の能力は言語の能力と深くつながっているらしいが、それ以上のことは私にはよくわからない。

パターン認識の原理は同一性ではなく相似性である。同じではないが似ているということを判断することである。この能力は言語の能力にもとづいていると同時に、この相似性を見わける能力がなければ言語をうまく使用することはできないだろう。ライプニッツではないが、がんらい世の中には完全に同じものが二つとはない。もし似たものに同じ名をつけることがなかったら、物体の数だけの名詞が必要となって、わずらわしさに堪えられなくなるだろう。言語の世界の原理が相似性にある、というのはそのためである。ところが数学の世界も、やはり相似性の原理の上に立っているといえるのである。

近ごろ、「構造」という言葉が流行している。英語の Structure がそれに当たるが、もちろん「構造主義」の「構造」とも決して無関係ではない。

近ごろ、あるドイツ人は数学を「構造の科学」（Strukturwissenschaft）と規定した。これはほぼ妥当な定義だと思われるが、門外漢にはいくらかの説明が必要であろう。まず「構造」とはなにか。

たとえば「三すくみ」というものがある。「紙、石、鋏」「蛇、蛙、なめくじ」などがそれに当たる。しかし「三すくみ」というとき、問題となっているのは、「なにか」ではなく「いかに関係するか」、その関係のタイプである。

三つのもののあいだに成り立っている相互関係の一つの型が「三すくみ」なのである。そしてこれは「構造」の一種なのである。モデル、パターン、シェーマ……などと呼んでもたいしたちがいはない。数学の世界の根底にあるのはおそらく、そのようなものであり、「構造の科学」というのはそういう意味である。

「構造」を広い意味に解すれば将棋や碁の定石にもなるだろうし、歌曲なども音からできた構造だともいえよう。替え歌をつくるということは、曲の構造を変えないで歌詞だけを変えることに他ならない。

将棋や碁の達人がたくさんの定石を知っていて、それを現実の局面に当てはめるから強くなるように、数学者は多数の構造のストックを頭のなかに貯えているから、むずかしい問題をたやすく解くことができるのである。数学をたんなる計算術だと思っている人にとっては、数学が構造の科学だなどということはまことに意外な感じであろう。

しかしもともと人間の精神活動はそれほど別々のものではない。同一性ではなく相似性に重点をおくと、数学は芸術などとそれほどかけ離れたものではなくなってくる。詩人の使う象徴や比喩も結局は相似性の原理にもとづいているし、小説家の性格創造もパターンの創造にかかわっている。そしてまた享受する側の相似性の認識能力を予想している。

もちろん数学は芸術とは違う。双方とも相似性にもとづく、とはいってもその性格は違っている。数学の相似性は論理的であり、感性にはほとんど依存していない。とはいっても芸術の相似性が感性のみに依存しているわけでもなく、意外に論理的であるとすると、両者の距離は思ったほど遠いものでもなくなってくる。

特に数学と言語との距離はひどく近い、というより、むしろ数学は特殊な言語である、といったほうが適切であろう。

たとえば関数は近代数学の中心概念であるが、これが言語によっていい表わされた命題と深いかかわりがある。

$y=f(x)$ は x という「もの」を f という「はたらき」もしくは「機能」(function)によって y をつくり出す、という意味をもっているが、記号論理学では主語 x が述語 f と結びついて命題 $y=f(x)$ をつくりだす、という解釈が与えられるのである。

そうなると数と命題が同じ式で表現されることになってくる。

数の世界と言語の世界は案外に接近している、というよりある部分では重なり合っている、といったほうが適切であろう。

数学は学問的に孤立する危険をもつ

数学はどのような科学であろうか。

まず最初にあげるべきはその普遍性であろう。数学の命題は世界中のいかなる人間にとってもなんらの差別なく理解できる。そういう普遍性をもっている。そのことは人間の知性が民族や習慣のちがいを超える共通性をもっていることのなによりの証拠でもある。それは偏狭な民族主義や人種的偏見にたいするもっとも力づよい反証である。普遍性のもう一つの側面は数学という学問が全人類の協力によって創りだされたという事実である。近代に入ってからは確かにヨーロッパ人の貢献がきわめて大きいが、古代、中世においてはアジア人の功績に帰せられるものがきわめて大きいのである。とくに江戸時代の日本人の業績（和算）は同時代において第一級のものであった。

そういう意味では数学は全人類的な科学といってよい。このことは数学を教えるさい、いろいろの機会に生徒の注意をよび起こしておくことが望ましい。偏狭な人種差別ともっとも無縁な科学が数学なのである。

それに劣らず重要なのは数学の歴史性である。いうまでもなく、数学は天文学とともにもっとも古い科学であり、その確証をあげることはできないが、学問としての数学は新石器時代の開始後まもなく発足したのではないかと思われる。つまり数学は他のあらゆる科学と同じく、天の一角から天下ってきたものではなく、人間と人間の集まりである社会によって歴史的に形成されたものである。

この歴史性ははじめにあげた普遍性と矛盾するかのように考える人もあるだろう。2＋3はいついかなる時代にもまたどのような人にとっても答えは5になる。つまり時間と空間を超越した真理だから、歴史性などありえない、という主張もありうる。だが、この考えは一面的である。2＋3という思考そのものが旧石器時代の人間にはできなかったかも知れないし、また答えは同じ5でも途中の思考は異なることがあるし、またたし算の考え方そのものにもいろいろの解釈がありうる。答えが同じであるということは決して超時間、超空間的であることを意味しないのである。

数学が人間と社会とによる知的活動の歴史的産物であるとすれば、当然数学は孤立したものではなく、文化全体の有機的構成部分であって、文化の他の分野との緊密な連帯性をもつ。この連帯性は今日とくに強調しておく必要がある。なぜなら、数学は常に孤立する危険をそれ自身のなかに内包しているからである。とくにヒルベルトの『幾何学の基礎』（一八九九年）によって明確な形を与えられた現代数学にとってはとくに重要なことである。

登場してきたはじめのころは「公理主義」とよばれていた現代数学は、内部矛盾をふくまない公理系を設定しさえすれば、それはもう一つの数学としての市民権を獲得するのだ、という性急な考えを広めたことは事実である。公理系が矛盾をふくまないことは必要条件であることはたしかである。矛盾があったらお話にならないからである。しかしそれは十分条件であろうか。

ヒルベルトの『幾何学の基礎』はユークリッド幾何学のほかに無数の幾何学が存在しうることを示した。ではそれらの幾何学のなかでなぜユークリッド幾何学がもっとも早くから、しかも微に入り細にわたって研究されたのであろうか。それはいうまでもなくユークリッド幾何学の空間が、実在の空間にもっとも近いからである。「公理主義」の浅薄な把握は、ある時期にはつまらない数学的構造を数学のなかに引き入れるという傾向を生みだしたことも事実である。

このことをブルバキ〔フランスの数学者の集団〕にならって建築術にたとえてみよう。

ブルバキは数学的構造を建物にたとえたが、そうなれば公理系は設計図に当たるだろう。建築技師は力学の法則に従っているかぎりは、どのような設計図を画くこともできるし、またその建物を建てることができるだろう。その点で彼は自由である。同様に数学者が論理の法則に従うかぎり、どのような公理系を設定しようと自由なのである。

しかし、彼らの設計した建物や数学的構造がよい建物か悪い建物か、よい数学的構造か悪い数学的構造かを判断することはできない。それは次元のことなる問題なのである。よい建物か、悪い建物かの判断は力学の法則とは別の規準による。それはその建物が人間や社会とどうかかわり合うか、そのことがらを論じられるべきものである。建物を使うのはまさに人間であり社会だからである。

同じことが数学についてもいえる。数学は人間のためにあるのであるから、その逆ではない。一つの数学的構造は人間が自然や社会の法則を探究し、それによって自然や社会を人間のために造りかえていく上で、役に立てば立つほどよい数学的構造だということになるだろう。このような観点が抜け落ちてしまうと、数学は、ワイルのいうように、将棋のような知的遊戯の一種となってしまうだろう。

そうかといって近視眼的な実用主義をここで主張しているのではない。数学にかぎらず科学はたんに応用によって物質的な幸福を人間にもたらすために偉大なのではない。そのようなものはなくても、人間の視野を拡大し、不必要な恐怖心をとり除いてくれるという点でもまた偉大なのである。

数学は孤立した学問ではなく、他の学問文化との連帯のなかで発展してきた、ということは常に銘記しておく必要がある。その理由の一つは現代数学がそのような危険を内包していることにある。さらに第二の理由は日本の数学そのものの性格からくる。日本の数学にはとくに孤立化の傾向が強いからである。これは後進国の一般的傾向（アメリカ）でもあるが、日本のばあいは「和魂洋才」とも関係がある。

そのことはわれわれが数学教育の建設運動をすすめていくうえで常に念頭におく必要がある。われわれの運動には多数の数学者が参加してくれることが望ましい。とくに現代数学の方法を教育にとり入れようとするばあい、研究の第一線で活動している数学者の思考方法から多くのことを学ばねばならない。だが、常にそうであるが、盲従は禁物である。とくに日本の場合、ある数学者が孤立主義に侵されているかどうか、いつでもチェックしておくだけの警戒心をもたねばならない。数学という学問の根本的性格の一つとして、「数学は学問的に孤立する危険を常に内包している」ということがいえるだろう。だからこそ、他の学問との連帯性を常に強調しておくことが大切なのである。

以上のことは、なにも高級な学問論なのではない。小学校の算数にも現にでてきている問題である。たとえば、近ごろの「集合ブーム」で集合でなければ夜もあけぬ有様だが、いろいろおかしなことが起こっていることも事実である。「集合というのははじめからむずかしくてわからなかったが、いちどわかってしまうと、つまらないものだ。こんなものをなぜ先生はもったいぶって教えるのかわからない」という子どもがたくさんでてきたという。子どもの批判はまったく正しいし、また、「集合ブーム」の欠陥をよく衝いている。

がんらい集合は現代数学の出発点ではあるが、決して到着点ではない。カントルの集合論そのものがそういう役割をもっていた。既存の構造をひとまず最小の原子にまで粉砕してみることがカントルの集合論のねらいであった。だからもし数学がカントルの集合論にとどまるなら、数学は砂漠のような荒涼たる学問になっただろう。だが、幸いなことに数学は集合論のところで停止しはしなかった。いちど原子にまで打ち砕かれた要素を、再び公理系によって結びつけ、多彩な構造をつくりだす方向に向かった。そういう意味で集合論は一度は必ず立ち帰るべき再出発点にすぎなかったのである。

数学教育でもまったく同じである。集合から量や論理、空間……というより豊富な世界に発展していかないかぎり、それは無意味なものであり、子どもたちを退屈がらせるだけのものになってしまう。

数学も時代の支配的イデオロギーに規定される

数学という学問はどのようにして生みだされたものであろうか。いうまでもなく、数学は人間によって、社会を形造っている人間の集団によって歴史的に創りだされたものである。そのことを疑う人は少ないであろう。もちろんクロネッカーのように「神が整数を創り給うた」と主張した学者もいる。しかしクロネッカーのいうことをまともに信じている人はきわめてまれであろう。

人間が数学を創りだしたのであり、それ以外のなにものでもないことに疑問の余地はないにしても社会のあり方によって数学の発展が規定されるかどうかについては、多くの議論がありうる。

2＋2はどのような社会でも4になるし、そのほかの答えはありえない。そういう意味では社会のあり方とは無関係であるといえる。しかし、数学のいかなる部門がある時代に発展するか、については社会の影響が十分に考えられる。たとえば一七世紀に微分積分学が創りだされたのは数学のなかだけの内的必然性によるものではなく、当時の天文学や物理学、力学の必要に応ずるものであった。そしてその天文学、物理学、力学の発展は当時のヨーロッパ社会の要求によって生みだされたのである。たとえばアルキメデスはほとんど微分積分学の入口まで進んだにもかかわらず、微分積分学そのものを創りだすには至らなかった。そればかりではなく、アルキメデスの業績そのものが、同時代の人々によって理解されないで、かえってアラビアなどに伝えられて、そこで継承者を見いだしたのであった。このことは、社会の必要としない数学はたとえ創りだされても、忘れ去られてしまうことを物語っているといえよう。

数学が社会のあり方と無関係だと主張する人は少なくないが、その論拠となっているものの一つに、数学の抽象性があげられよう。あらゆる科学のなかでもっとも抽象的なものは数学であるといってよかろう。ところがその抽象性のゆえに社会のあり方とは関係がないというのはまちがいであろう。むしろ抽象的であればあるほどそれは一定の方向性をもち、そのために強い社会性をもつといえるのである。

がんらい、抽象とは多様であり多面的である現実のなかから、その一面だけを抜きだして、他の側面を無視し捨象することであり、したがってそれは強い方向性をもっている。たとえば幾何学でいう「点」の概念をとりあげてみよう。「点」は高度の抽象の抽象を経て創りだされたものであって、それは感性によってとらえられるような実在ではない。だから目の前にある机が実在するように実在するものだとはいえない。そのようなものを出発点とする幾何学は、ある意味では一つのフィクションであるし、架空の絵空事ともいえよう。しかし、ある意味ではこの絵空事が客観的な世界を解明していくのに欠くことのできない武器ともなるのである。

このように抽象という人間の精神活動そのものが、強い方向性をもっており、それがその時代の社会の支配的な思考方法に深く影響されるであろうことはむしろ当然すぎることであろう。たとえば古代ギリシアは原子論を生みだした。原子論とはいっても、もちろん人によっていろいろ微妙な差異がある。ピタゴラスの原子論は数学的原子論ともいうべきもので、すべての図形が有限の大きさをもつ点の原子から成る、というようなものであったし、レウキッポスやデモクリトスのそれは物理的なものであった。またエピクロスの原子はまたそれとは異なっていた。しかし原子論に共通の考え方は分析・総合ということであり、またいっさいの質的差異を量の差異に還元しようという傾向であるといえるだろう。そのような思考法が自営農民と商人によって支えられていたギリシアの社会から生まれたものである、という解釈は強い説得力をもっている。とくに鋳貨の使用が原子論的思考法に刺激を与えたという。すなわち鋳貨はまさに、価値の原子にほかならないのである。

そう考えてくると、数学といえども時代の支配的イデオロギーによって規定されるものであり、それらのものとは無関係な蒸溜水のような存在ではないのである。そういったからといって、昭和のはじめに主張されたような意味での「数学の階級性」をここでむし返そうというのではない。

数学がそれをつくり出した数学者の出身階級のイデオロギーやその利害関係によって、2＋2＝5になったり、2＋2＝3になったりするといわんばかりの主張はもちろん滑稽である。同じ時代に活躍した煉瓦工の息子のガウスと貴族出身で王党派のコーシーの業績を比較して、そこから「プロレタリア数学」と「王党数学」の差異を探しだそうとしてもおそらく徒労に終わるだろう。しかし、両者が無意識的に支配されざるをえなかった一八世紀末から一九世紀前半までの共通の思考方法を探りだすことは多分できるだろう。そして、これらの支配的な思考法は、フランス革命がもたらした支配的イデオロギーであるといってよいだろう。ガウスもコーシーもおそらく、自由に考え自由に研究を進めていったと自分では信じていたにちがいない。しかし『西遊記』の孫悟空が自由に天地をかけめぐっていたと思ったのに、実はお釈迦様の掌のなかを動きまわっていたにすぎなかったというように、ガウスとコーシーが逃れることのできなかった掌こそ、われわれにとって興味のあるものなのである。

古代ギリシアの原子論についてはそのことがかなり明らかにされている。しかし他のばあいにはまだほとんどはっきりしていない。しかし、そのようなものが存在するであろうことは、仮定してもよいだろう。

数学は自然や社会を反映する客観的知識

研究と教育の分離

「数学とはなんぞや」というような問題は数学の問題ではあっても、数学教育の問題ではない、と考えている人も多いだろう。事実このような見方は長いあいだ、日本の数学者と数学教育者の双方を支配しつづけた。

明治時代にはじまるヨーロッパ文化の摂取は、当時の世界を驚かせるようなテンポでおこなわれたのであるが、その反面において、摂取のしかたが表面的で、深さに欠けるという欠陥を逃れることはできなかった。そのような欠陥の一つとして、研究と教育の分裂という事実がある。

研究者のあいだには教育に関心をもつことを卑しむ気風が根づよく残っているし、教育者にも研究を軽んずる気分が強い。このような研究と教育の分離は、わが国の文化のもつ弱さと深い関連がある。もし、一国の文化が外国の輸入品に頼って花咲くことをやめて、自分の国の大衆という土壌の中から生まれてくることを願うのであったら、そのような基盤をつちかうものとしての教育、とくに初等教育に深い関心をもっていなければならない。しかし、明治以来の先駆的な思想家は少数の例外は別として教育、ことに初等教育にたいしてはたいした関心を払わなかったようである。同じ後進国であっても、たとえば帝政ロシア時代の学者はこれとは違っていたようである。非ユークリッド幾何学のロバチェフスキーも、確率論のチェビーシェフも教育上の仕事があるし、また周期律の発見者メンデレーフや、有機化学のブトレーロフもすぐれた化学の教科書をかいているという。また大作家トルストイが、国語や算数のすぐれた教科書をつくっていることは記憶しておいてよいことである。

日本の思想家や学者が教育に冷淡であったことは、日本の文化の中に輸入文化・植民地文化の要素をいつまでも残しておくことに役だった。

数学は客観的世界の反映である

数学について一つの見方が流布されている。それはつぎのようなものである。「数学はいくつかの公理系から導きだされる演繹的で自律的な知識体系であって、帰納をもとにする他の自然科学とは決定的にことなった学問である」と。このような数学観から二つの相反する数学教育観が生まれてくる。一つは数学無用論であり、一つは「数学のための数学」主義である。

もし、数学が天下りに与えられたいくつかの公理系から演繹的に導きだされた知識体系だったら、そのような学問は生きた社会とは縁のない、ひま人のおもちゃに過ぎないだろう。もしそうだったら、数学無用論は正しいといえる。戦後、日本の数学教育を支配した生活単元主義は、おおむね、このような数学観の上に立っていたようである。一九五一年の中学校の学習指導要領には「数学を教えるのではない」とのべられているが、その裏には数学にたいする侮蔑がひそんでいる。

これにたいして、数学が自律的な知識体系だという前提から、また別の結論がひきだされる。それは大体つぎのようなものである。

「数学は自律的であって他の学問の前提を必要としない。だからそれを学ぶことは、思考を練り、論理的にとりあつかう力を養うために必要である」と。これは「数学のための数学」主義とでもいうべきもので、「芸術のための芸術」をとなえる芸術至上主義とよく似たものである。

思考力を練るうえで、数学が役にたつことは確かであろう。しかし、それだけのためだったら、囲碁や将棋だって、けっこう役にたつだろうし、なにも数学でなければならないということもない。また論理的に取扱う力を養うためだったら、形式論理学を直接学ばせたほうがよいだろう。

論理の形式主義を学ばせるような傾向は、近ごろ新しく出た高等学校の教科書にも現われてきている。論理的であるのはけっこうであるが、論理の形式主義を強調するあまり、図形や式そのもののもつ奥深い法則を知る意欲を殺してしまうおそれがでてきている。論理とは、図形や式から切り離されて中空に浮んだものではないはずである。

この二つの態度、すなわち数学無用論と数学至上主義はまさに正反対の形で現われてはいるが、その根底にある数学観は同じである。

私は、数学が若干の公理系から導きだされる自律的な体系だという見方に反対する。そのような見方にたいして、数学は自然や社会を反映する客観的な知識であると主張したい。したがって、それは自律的でもなければ、帰納のない演繹を事とするものでもないといいたいのである。

数学が自律的でないことの確かな証拠を与えるのは数学史である。数学史は、数学が他の姉妹科学との複雑な相互影響のもとに発達してきたことを、われわれに教えてくれる。その影響のしかたは、あるときは受動的であり、あるときは能動的だった。ケプラーやガリレオの時代には、力学があらゆる科学の先頭に立って進んだ。そのころには、力学が要求する数学――すなわち微分積分学はまだつくりだされていなかった。力学が必要とする数学をつくりあげたのは、つぎの時代に属するニュートンやライプニッツだった。この時代には数学は、外からの刺激を受けて発達したといえる。

しかしこれとは反対のばあいもある。たとえば土地測量の問題と関連して、ガウスが組立てた曲面論を、リーマンが引きつぎ、曲った空間の理論をつくりあげたが、彼の時代には、彼の理論は応用をもたないたんなる仮設にすぎなかった。そのような状態は、アインシュタインが相対論に応用するまで続いた。また絃の振動にかんして展開された微分方程式の固有値問題は、すでに前世紀につくられていたが、量子力学に応用されるようになったのは今世紀になってからである。

一つのたとえ話をしよう。ここに一人の洋服屋がいる。お客がやってきて服の仕立てをたのんだら、彼は身体の寸法をとって、注文どおりの服をつくるにちがいない。このときの態度は受動的であるといえよう。このときの洋服屋のあり方はどう考えても「自律的」ではない。

しかしお客がやってこないときにも彼は仕事を休みはしない。一般のお客に似合いそうな服を新しくくふうして、それを飾り窓にならべておくだろう。通りがかりの客がそれをみて買っていくにちがいないからである。このとき注文がないのにつくる洋服屋の態度は、たしかに能動的である。そして彼は一見「自律的」であるかのように思える。注文がないのに彼は洋服をつくったからである。

しかし彼は完全に自律的だといえるだろうか。彼は仁王様のような寸法の服をつくるだろうか。また人形のように小さな寸法の服をつくるだろうか。よほどの変り者でないかぎり、そんなことはしないはずである。彼は注文がなくとも、普通の人に似合うようにつくるにちがいない。彼はいかにも「自律的」であるように見えるが、その自律性の奥には「普通の人間に似合う」という目的が隠されているのである。この自律性は、いわば「相対的な自律性」である。

リーマンが一つの仮設としての空間をつくった事実だけを切りはなして考えると、いかにも彼は自律的であったようにみえる。しかしリーマンは物理学者の注文がないのに空間論をつくりはしたが、彼は「自然を反映するように」それをつくったのである。

数学は自然を反映するとはいっても、もちろんその反映のしかたは複雑である。反映といっても、ただの平面鏡のようなものとはかぎらない。あるばあいには凹面鏡であり、あるばあいには凸レンズや凹レンズである。

たしかに他の自然科学が自然を直接にうつしだすのに反して、数学はより間接的にうつしだすことが多い。しかし、数学のほんとうの源が自然にあることは疑いの余地がない。どのように整然とした公理系がうち立てられたにしても、その公理系は自然を深く反映するようにえらばれているのである。

この意味で数学は決して形式だけの学問ではなく、形式と内容を兼ね備えた学問なのである。したがって数学は自然科学から鉄のカーテンをもってへだてられるべきものではない。数学を他の自然科学から切りはなす立場から、数学と理科を質的にまるで異なった教科として分離してしまう教育学説が生まれてくるが、この誤りを批判することが今日の課題の一つであろう。

数学は決して演繹のみの学問ではなく、その重要な部分はやはり帰納である。この点では他の自然科学と異なったところはない。この点をもっと強調しておく必要がある。

数学も人間を形成する

こういう表題じしんが、多くの人々に奇異の感を与えるかも知れない。「数学と人間だって？　いったいその間になにかの関係でもあるというのか？　数学は二二が四を教えていればいいのだ」と、一言の下に片づける人が多いだろう。しかし問題はそれほど単純であろうか。

多くの教育学者は数学を用具学科とよんでいるが、その考えの奥底には、数学は二二が四だという、一般の人の常識的な見解が横たわっているのかも知れない。実のところ「用具」ということばの意味ははっきりわからない。もともとこのことばは、たんに比喩的に使われただけのものかも知れない。だが、一般的には、より高級な学科に奉仕するための、召使的なものとして理解されているようである。ところで、数学という召使の主人筋に当たるのは、たぶん社会科かなにかであろう。

むかし、ガリー船というものがあった。船の甲板には主人がいて、かじをとり船の行先をきめた。船の底にはたくさんの奴隷がいてかいをこいでいた。この船では奴隷は船をどこに向けるかを定める権利はなかった。かれらは「用具」にすぎなかった。手段であり、動力であるにすぎなかったのである。ふつう「用具」とはこういう意味をもっている。

常識的にいうと、学力というものは、二つの側面をもっているといってよいだろう。知的な面と技能的な面である。適切な例とはいえないが、「自転車にのる」という能力をとってみよう。便宜上、その能力を「かじをとる」能力と「ペダルをふむ」能力に分けてみよう。そのとき、かじをとる能力の中には目的地を定め、地図をみて、近道をえらぶ、というような分析力や判断力が参与する。しかし「ペダルをふむ」ことは盲目的で無意識的で機械的であって、ロボットで代用のできる仕事であろう。このように自転車にのる能力を二つの能力に分解してみることは方便としては有効である。しかしこの分解は、頭の中ではできても、事実の上で分離できるとはかぎらない。自転車の練習にしても、かじをとる練習とペダルをふむ練習を別々にやるわけにはいかないからである。事実のうえでは二つの能力は、いっしょになって自転車を走らせるのである。

もともと能力などのように抽象的なものを、机やいすなどの物体と同じように分類したり、名前をつけたりすることには一つの危険がともなう。分類して名前をつけることによって、それらのものが、別々に独立に存在するかのような錯覚を与えがちになるからである。一枚の紙の性質をしらべるさいに、表や裏という名をつかうことは便利であり、必要でもある。だが、それは決して表だけの紙や、裏だけの紙が別々に独立に存在するということではない。

数学を用具学科とか基礎学科とかよぶことは、結局のところ、数学をペダルをふむ能力とみることであろうが、そこには一つの危険がひそんではいないだろうか。

さて、数学を他の教科の用具または手段と考える数学用具説の中には、人間形成などという問題の入りこむ余地はない。数学という教科も数学の教師も、人間形成などというガラにもないことに頭を悩ますより、おとなしく船底でこいでいればよいというにちがいない。しかしこの数学用具説がかりに正しいと仮定しても、疑問はおのずから起こってくる。「教科の中で多くの時間数を占めている数学が人間形成にとってなんの役にもたたないとしたら、なんともったいない話ではなかろうか。」数学の時間がまるでそろばん塾のように、手先の熟練だけを目標とするものであったら、そういう学科ははじめからないほうがましである。

このような用具説に私は反対する。私はこの用具説にたいして、すべての教科の平等を主張したい。何と何は用具学科で、何と何は何々学科だというような教育学の分類主義と図式主義は、無益であって有害だと思う。もともと他の教科の用具となることによって、間接的にしか人間形成に役だたないような教科はあってはならない。あらゆる教科は、まったく平等の資格で子どもたちの人間形成に参与すべきだ、と主張したい。

だからすべての教科にたずさわっている教師の中から、その教科の目ざす人間形成はなにか、いかなる人間像を描きながら教育をやるべきか、というような問題が出されることが望ましい。理科の教師からは「理科教育と人間形成」という発言がなされ、体育の教師からは「体育と人間形成」という議論が出てくることが必要であろう。このようにして各教科の中から出された発言に、それぞれ適切な位置づけを与えるのが教育学者の任務ではないかと思う。

用具説の背景

戦後になって、各教科の勢力均衡に一つの変化が起こった。それまで国語と数学が、各教科の王座を占めていたのが、新教育がはいってきてから王座からひきおろされて、社会科がそれにとって代わった。この王座争いに利用されたのが用具説であったといえよう。ところで、この数学用具説にはどのような背景があるかを最初に検討しておく必要があろう。

まず第一に、わが国には文科的な学問と理科的な学問のあいだに大きな断層がある、ということを念頭におく必要がある。日本だけではなく、東洋では、自然科学や技術が人の尊敬に値する教養の一部であるという見方は、もともと存在しなかった。

イギリスの科学史家ファーリントンは、古代ギリシアの科学を論じた中でつぎのようなことをのべている。

「人間を支配する仕事が支配階級の主要関心事となり、自然を支配する仕事が他の階級の強制労働となるとき、科学は新しい危険な方向をとる。」

人間支配の技術としての政治・法律・経済などの「経世の学」と、自然を支配する自然科学との分離は、東洋ではギリシアに比べてもっと完全におこなわれたにちがいない。このような社会では、自然科学や技術は軽蔑されるほかはない。

日本でも、自然科学が政治や法律などの経世の学の片隅にみすぼらしい補助いすを与えられたのは、明治になってからである。しかし今まで、文科的学問と対等なものと認められたことはほとんどなかった。ただ一度だけ、太平洋戦争中に理科系の生徒に徴兵ゆうよの特権が与えられたことぐらいなものである。

文科的な教養を身につけた人々のなかには、「ぼくは数学がまるでできない」とか「物理はちんぷんかんぷんだ」とか得意げに告白する人がよくある。しかし理科的な教育を受けた人のなかには「ぼくは文学はまるでわからない」と告白する人はきわめてまれである。わからなくても黙っているのである。これは、自然科学が日本では尊敬されていず、文科的学問より一段下のものと見られていることを物語っているのであろう。

要するに日本では、人間支配の技術だけが尊敬されて、自然支配の技術は軽蔑されているのだ、といえよう。だから数学にかぎらず、自然科学が人間形成などになんのかかわりもない用具であると見る考えは、日本の社会そのものの中に根づよく内在しているといってよい。

しかし、用具説の源は日本だけにあるのではない。それは外からも来ている。というのは、プラグマチズムの教育学説である。ここでプラグマチズムを論ずるつもりはないが、つぎのことは指摘しておく必要があろう。それは、「プラグマチズムにとって、数学という教科ほど敵対的なものはない」ということである。

もともと数学は、その成立のはじめから、経験主義では片づかない問題をもっている。小学校一年にでてくる、1、2、3という程度の数でさえ、すでに高度の抽象によって得られたものである。おそらくは目の上のこぶのような存在である数学を攻撃することに、プラグマチストたちが異常な情熱をかたむけたことは当然だったといえる。

徹底的な生活単元主義者であるG・M・ウィルソンなどは「数学は実務の侍女である」とまで言いきっている（G・M・ウィルソン『新算数教授法』G. M. Wilson, *Teaching the New Arithmetic*, 1951）。もちろん人間形成などということは頭から否定している。プラグマチストは、おそらく数学などというふつごうな

問　題	正　答　率	
	文理学部	教育学部
175ドルの６％はいくらか	41%	59%
7-6+2-4	34%	55%
0.4, 2.5, 0.875 を大小の順に並べよ	30%	53%

教科は地上から永遠に消えてなくなることを、内心では希望しているのかも知れない。

その意味では彼らは望みどおりの成果をあげたといってよい。アメリカでは数学の学力は低下の一路をたどっている。一九五三年のイリノイ大学の調査によると、新入生のうちハイスクールで数学をやらなかった二百数十名にたいしてつぎのような学力調査をやったら、結果は上の表のようであったという（*The American Mathematical*

Monthly, vol.60, 1953)。この結果にたいして、大学当局は「驚嘆すべき無能力」と評し、大学にも算数の講座を新設することが急務であると言っている。

G・M・ウィルソンのような徹底的な生活単元論者も、学力の低下だけは否定できないと見えて、大学生の五〇％は整数の加減乗除が完全にできないと報告している。

数学という教科を目の敵にして、その引下げのために奮闘してきた「進歩主義」的な教育学者の努力は、こうしてりっぱに実を結んだのである。

単純さと頑固さ

数学という教科は、よい意味にもせよ悪い意味にもせよ、人間形成にとってなんの影響も与えないだろうか。たとえばレントゲンの技師は放射線の影響で白血球の減少を来たすそうであるが、数学者や数学教師も、数学という放射線のためになにかの影響を受けるかも知れないのである。

漱石の『坊っちゃん』の主人公は、坊っちゃんも山嵐も数学の教師であるが、あの小説の筋から言ったら、二人が国語の教師であろうが英語の教師であろうが、いっこうにさしつかえはない。だから漱石が二人をわざわざ数学の教師に仕立てたのは、筋の展開からではなく、活躍する人物の性格が数学教師に一番多いと見たからであろう。

こう考えていくと、数学という教科が、良い悪いは別として、とにかく坊っちゃん的な、あるいは山嵐的な人間をつくるうえになにかの影響を及ぼしたということが言えるだろう。

一言でいえば坊っちゃんは単純で、山嵐は頑固である。ところで、数学という学問の特徴がこの単純さと頑固さにあるのだから、漱石はあの小説で、数学という学問を生きた肉体をもった人間の中に具象化したのだ、と言えないこともない。

よく考えてみると、この単純さと頑固さの中に数学の短所と長所が同居していると言ってよい。数学の単純さは坊っちゃんがそうであるように、世間の嘲笑のまとになる。1＋1＝2とならない例の一つとして、一匹の猫と一匹のねずみをよせると一匹の猫にしかならないという笑話が引合いに出される。「世の中は数字どおりにはいかない」ということも、一種のことわざとして通用している。

たしかに複雑な利害のからみ合った世界に住んでいるおとなたちにとっては、数学の論理は単純にすぎ、明瞭でありすぎて興味をそそらないだろう。そして、そればかりではなく、自分たちの判断を子どもたちにまで押しつける、「おとなさえきらいな数学など子どもが好きなはずはない」と。じじつ、生活単元学習でいろいろ工夫されている興味づけや動機づけはすべて「子どもはみな生まれつき数学がきらいなものだ」という前提のもとに立っている。

しかし多くの調査によると、おとなたちのとり越し苦労にもかかわらず、子どもたちのあいだで一ばん人気のある教科は数学である（副島羊吉郎『数学と興味』、教育心理学講座Ⅲ、金子書房、一九五三年）。その単純さや正誤の明瞭さが、彼らの単純ですなおな気持にぴったりするのであろう。

興味といっても、数学には甘い菓子のようなおいしさはない。そんなものを期待するほうが無理である。しかし、暑いときに飲む冷い真水のようなうまさはある。戦後の生活単元学習では、興味をつけようとしていろいろ手のこんだ導入を考えだしていたが、あれはたんに興味という点だけからいっても疑問がある。真水にたくさんの砂糖を入れたからといって、うまくなるとはかぎらないからである。

数学の好きなのは子どもだけではない。おもしろいことには、プラグマチストたちの祖国をつくった人々の中にも数学の好きな人がたくさんいたのである。

アメリカ合衆国の建国の父の一人であったフランクリンもかなりの数学通で、魔方陣についての論文を書いているほどである。また第三代目の大統領になったジェファーソンも、ある法律学生につぎのような手紙を書いている。

「法律の勉強にはいるまえに、十分の基礎工事をしておかねばならない。……数学と自然科学は人生の日常的な事件にも役だつし、とりわけそれらの学問は魅力的でおもしろいので、だれでも勉強してみたくなるほどだ。そのうえに、精神の能力というものも、体力と同じように練習によって強められるものである。だから数学的な推論や論証は、法律の難解な理論を研究するためのよい準備になるだろう。」

リンカーンがやはり論証の力を練るために幾何学を学んだことはよく知られている。またリンカーンから四代目の大統領ガーフィールドは、ピタゴラスの定理の新しい証明法を考えだしたことで知られている。

フランクリンによって代表されるアメリカの合理主義は、数学のもつ単純さと多くの親近性をもっていたと言えよう。これらの人たちは活気にあふれた時代のアメリカ、午前の太陽のように若々しい前向きの時代のアメリカの指導者であった。彼らは理屈の通る社会、二二が四になる社会を心にえがきながら奮闘した人たちであった。数学のもつ単純さ、推論の明快さが彼らの気に入ったのであろう。

しかしフランクリンやリンカーンのような人々の時代は去った。数学ぎらいのプラグマチストたちが教育を支配しはじめる。一九二九年の大恐慌を経験した後のアメリカには、もう二二が四は通用しなくなった。大恐慌後に勢力を得たといわれる「進歩主義」の教育者たちには、数学のもつ単純さと頑固さが気にくわなかったのであろう。

「変転する社会に適応する」ためには、単純さや頑固さはつごうの悪いものである。数学好きのリンカーンが代表するアメリカと、数学ぎらいのプラグマチストが代表するアメリカには、どうやら本質的なちがいがありそうに思える。

リンカーンと幾何学

リンカーンという人は貧家に育ったので、たくさんの本をよむということはできなかった。わずかの本を精読するというふうであったが、その中にユークリッドの幾何学があったといわれている。彼は一生涯数学が好きであったが、必ずしも実用上の目的から勉強したのではなく、論証の力を練るためであった。彼は財政上のやりくりはへただったというから、数学はあまり実用の役にはたたなかったらしい。

幾何学を学んだことが、リンカーンの人間形成にどのように役だったかを立証するに足るものはなにもない。なぜなら、それを立証しようと思えば、リンカーンとまったく瓜二つの人間をもう一人つくって、その人間に幾何を勉強させないでおいて、二人の能力や性格を比較してみないかぎり立証とは言えないからである。もちろんこのような実験はできないのだから、ここでは、彼のやった行動や言説の中から適当なものを引きだしてきて、推察するほかはない。彼の伝記作者チャーンウッドは書いている。

「ある点からいうと、彼は最もよい意味で議論好きであって、ギリシア人が弁証的とよんだようなことにたいして熱情をもっていた。一人で考えるたぐいまれな能力は彼の最も際立った偉大な武器であったが、この能力は、他の人々に論理的な確信を与えるような形に己れの思想を持っていくという願望に沿いながら用いられたのである。」

このことは彼の演説や教書の至るところに見受けられる。たとえば、奴隷存続論者のおきまりの論法を打破るために彼はこう言っている。

「黒人の女を奴隷にしたくないものは、彼女と結婚すべきだというごまかしの論理に私は抗議する。私は彼女を奴隷にもしたくないし、妻にもしたくない。私は彼女を一人にしておこうと思うだけだ。ある点ではなるほど彼女は私と対等ではないだろう。しかし額に汗してかち得たパンを食べる生得の権利という点では、彼女は私と対等であり、何人とも対等である。」

黒人にたいする不当な取扱いを責められると、「そんなら君は黒人の女と結婚する気があるか」と反問してごまかすこの論法は、今でも使われているらしい。しかしリンカーンは、幾何学の証明のようなみごとさで、このインチキ性をあばいているのである。またリンカーン・ダグラス論争といわれる有名な政治的論争の中で、つぎのように言っている。

「一つの命題を打立てるには二つの方法がある。一つはそれを道理の上に打立てる方法であり、もう一つは昔の偉い人々がこう考えたといって、ひたすら権威の重みによってそれを押し通す方法である。もしダグラス判事が、なにかの方法で、一人の人間が他の人間を奴隷にしてもその人には抵抗する権利がない、そういうのが人民主権だと証明することができたら、しかもユークリッドが定理を証明したように証明できたら、私は反対しない。しかし、彼がある原則を立てながらそれを否認した当の人々の権威をかさに着てその原則を押し通そうとするなら、彼にはそうする資格はないのだ、と私は言いたい。」

リンカーンの演説や教書は、すべてこの調子で続いていくのである。もしいくらかでも幾何のことを知っている人だったら、彼の文章構造そのものが幾何の証明に酷似していることに気づくだろう。彼の演説にははなばなしさは一つもない。一貫しているのは、論理の厳しさである。この厳しい論理の鋳型の中に深い感情が流しこまれたとき、たとえばゲッティズバーグの演説のような不朽の演説が生まれたのであろう。

形式論理

数学、とくに初等数学を貫いている背骨は形式論理である。だから数学と人間形成という問題を考えようとすれば、どうしても形式論理そのものが人間形成にどのような関連をもつか、という問題に立ち入らないわけにはいかない。もちろん形式論理だけが数学の論理ではない。運動と変化を論ずる微分積分では、もはや形式論理のワクを越えた思考法が必要になってくる。静止と運動、変化と定常、有限と無限といった対立物を統一する弁証法的思考法が必要になってくる。だがこれは高等学校以上のことで、小・中学校の数学は形式論理のワク内で処理できる。

そうはいっても、矛盾というものが全然姿を見せないというわけではない。二つのリンゴと二人の人間という、異なったものに同じ2という名をつけることは一つの矛盾である。

この矛盾は、現場の教室にも現われてくることがある。2という抽象数の計算ばかりやって、2個や2人との関連をつい忘れてしまうと、子どもは計算を使って事実問題をとく力がなくなってしまう。ここには、やはり異なったものに同じ名前をつけたという一つの矛盾が姿をのぞかせているといえよう。しかし初等数学や形式論理では、矛盾は奥にひそんでいて、表面に現われることはまれである。

形式論理は、数学にかぎらず自然科学全体における有力な武器であるが、これが最近不当に軽視されているように思う。その原因の一つは、生活単元学習の側からの攻撃である。その日その日の生活をなんとかやりくりしていく生活、変転する社会に適応していく生活、そういう生活を目標にしている生活単元学習には、もともと論理などというものは問題になりえない。現行の指導要領では、論理的思考などということがまるで申しわけのように触れてあるだけで、それをどのようにして伸ばしていくかという点にたいする具体的方法はなに一つ示されていない。

それでは形式論理は、われわれの生活にとって不必要であろうか。必要か不必要かを定めるのはむしろ、どのような生活を意味するかということであろう。もしその生活が、多少とも現在の生活環境を分析して、それにもとづいて環境そのものを積極的に作りかえていくような生活であったら、論理的思考は欠くことができないであろう。たとえば、眠っている時間以外には絶えずわれわれに働きかけてくるマスコミュニケーションにたいして、少しでも批判的な態度をとるかぎり、論理的思考が必要になる。ほんとうとウソを見分けることはもうリッパな一つの論理的思考である。そこでは帰謬法が使われるのである。大衆が帰謬法を生活に適用することを学び、「逆は必ずしも真ではない」ということを会得したら、デマはその威力の半ばを失うだろう。

歪曲されたマスコミュニケーションが大衆に影響力をもちうるのは、大衆が形式論理の偏狭な思考法にとらわれていて、対立物の統一のような高度の思考法になれていないためではないと思われる。問題はもっと手前のところにあるようである。それは、大衆が形式論理的な思考法さえ身につけておらず、多くのばあい、論理以前の思考法に頼っていることに原因があるというべきであろう。

形式論理が静止し固定したものの論理であるという批判は、原則的には正しい。このような論理によっては、運動し変化するものをとらえることはできない。しかしそうかといって、形式論理の段階を省略して、いきなり弁証法的な論理を身につけることができるとは思えない。少なくとも教育の世界でのそのような飛躍は危険である。ところで、形式論理の中核をなすものはなんだろうか。それはおそらく排中律であろう。三角形の内角の和は二直角であって、決してそれ以外ではない。ここでは厳しい排中律が支配している。この法則が崩れたら形式論理は無に帰する。排中律はイエスかノーを要求して、その中間を許さない。数学のもつ厳しさは排中律の厳しさである。

数学教師である坊っちゃんと山嵐は、人生の中にもこの排中律をもちこみ、それに従って行動する。彼らにとっては、すべての人は敵か味方か、そのどちらかであって中間はない。坊っちゃんは赤シャツの中傷を信じて山嵐を悪人だと思って、山嵐に一銭五厘の氷水代を返すが、山嵐は受けとらない。その一銭五厘は排中律そのもののように、ほこりをかぶったまま机の上にのっている。

この排中律のもつ一面性と偏狭さを批判して、対立物の統一をとくのが弁証法である。だが、排中律をどのようにしてのり越えるかという点になると、一つの危険がともなってくる。それは、その統一が頭の中だけでおこなわれるという危険である。

魯迅の阿Qは対立物を頭の中だけで統一することの名人だった。彼には精神勝利法という奥の手があった。どんな恥辱を受けても彼の自尊心は傷つかなかった。恥辱か名誉か、という排中律は彼の中にはなかった。彼は恥辱と名誉という対立物を統一することができた。しかしその統一は、悲しいことに彼の頭の中でしか起こらなかったのである。このような精神勝利法が、阿Qのようなルンペンにだけひそんでいると考えることはできない。はげしい圧力の下におかれるとき、あらゆる人にこの精神勝利法はしのびよってくる。絶対矛盾的自己同一などという熟語を考えだす博学な哲学者も、この精神勝利法のとりことならなかったとは断言できないのである。

排中律は軽々しく取去ってはならない。矛盾は激しい闘争によってしか統一されないからである。ヘーゲルは排中律を固執する悟性の偏狭さと限界を指摘しながらも、一方では悟性の価値を高く評価している。「理論の領域におけると同じように、実践の領域においても悟性は欠くことのできないものである。行為するには、あくまで性格が必要であるが、性格を持つ人とは、一定の目的を念頭にもって、それをあくまで追求する悟性的な人である。」（『小論理学』上、岩波文庫）

ヘーゲルは悟性の頑固さ（Hartnäckigkeit）ということを言ったが、この頑固さこそが人間の性格というものの本質的な部分なのである。頑固さというドイツ語の本来の意味は「首の骨が固い」ということである。山嵐の頑固さは悟性の頑固さであり、彼の力づよい性格はそこに根ざしている。

ところで、祖国の独立と平和の防衛という困難な任務をもった日本の子どもたちには、このような頑固さ、もしくは首の骨の固さが必要でないと言えるだろうか。この意味で戦後の新教育のもつ感性偏重の傾向には疑問なきをえない。全般的にいって、その中には過度の甘さがある。肉体的にも過度の糖分は骨の中のカルシウムを融解する作用があるそうであるが、精神的にも、教育の中にある過度の甘さは子どもたちの首の骨を軟かくしないかどうか、不安がないこともない。このような意味から、芸術教育は科学教育と手をつないで進んでいく必要があろう。

魯迅は、阿Qというルンペンの中にひそんでいる精神勝利法をえぐりだして、これをあざやかな典型にまで高めることができた。植民地の人民が落ちこむ精神的なワナが、そこではありありと照らし出されている。それを可能にしたのは、彼の精神の中にそびえ立っていた厳しい排中律であった、といえよう。死の直前に彼は書いている。「……私の敵はかなり多い。もし新しがりの男が尋ねたら、なんと答えよう。私は考えてみた。そして決めた。彼らには恨ませておけ。私のほうでも、一人として許してやらぬ」（竹内好『魯迅評論集』岩波新書）。また「フェアプレイ」をとき「水に落ちた犬を打たぬ」ことを主張した林語堂に反対して、「水に落ちた犬を大いに打つべし」ともいった（同前）。

水に落ちた犬を打つなと言った林語堂は、ものわかりのよい文化人であったにちがいないが、水に落ちた犬を打てと言った魯迅は、頑固なわからずやであったかも知れない。しかし、新中国の精神的指導者となったのは林語堂ではなく魯迅であった。彼の中にあった排中律は敵と味方を鋭く見分け、敵と妥協しないことを教えたのである。

数学という教科は、林語堂のようなものわかりのよい文化人をつくる上にはたぶん役にたたないだろう。ものわかりのよさ、デリケートな感受性、敵をも許す寛容さ、といった性格を養うためには、数学は無力であろう。もともとあらゆる教科は、それだけで全能ではないからである。そのような性質を育てていくことは他の教科、とくに芸術教育の任務であろう。しかし数学は芸術ではない。数学の主要な性格は美しさにはなく、厳しさにあるからである。だが、正邪を見分ける判断力、不正や虚偽を憎みこれと妥協しない強固な性格、困難と戦ってこれを征服する忍耐力を子どもたちの中に形造るうえには、数学のもつ正確さと厳しさが役にたつだろう。

数学はほんとうに論理的か

「数学は論理的な学問である」

といえば満場一致で賛成ということになって、誰一人異議をとなえる人はないだろう。もしこれに異議をとなえようものなら、その人は、おつむが少々おかしいのでは？　という嫌疑がかけられてしまうにちがいない。

だがほんとうにそうなのか、と疑いだしてみると、いろいろの疑問がつぎつぎに起こってくる。そのなかのいくつかを次にならべてみよう。小学校の算数からはじめてみよう。

例1　正方形は長方形か

読んで字のごとく、長方形は「なが四角」であり、よことたてが違っているはずのものである。そういうものを「長い」というのは正常の日本語の用法である。

ところが、たてとよこの等しい正方形までが長方形の仲間に入るというのだから、これは正常な日本語ではない。だからこれをはじめて教わった子どもたちは、ここで疑問をもつ。

「正方形はなぜ長いのですか？」

こういう当然の疑問が出されても、数学の先生は決して耳を傾けようとはしない、そしていうだろう。

「日本語ではどうあろうと、数学ではそうなのだ。つまらんことを考えないで、勉強したまえ。」

こんな答を「日本語で」いうにちがいない。

天地がひっくりかえっても数学はこわれないだろうと思い込んでいるのが数学の先生だから、こんなつまらない質問をとりあげる人は一人もいなかった。数学以外の先生たちも、疑問に思っている人は多いが、へたに質問でもしようものなら、「お前は頭が悪い」と一言のもとにはねつけられそうなので黙ってしまう。

だが、この「長方形」という名前は誰がつけたか知らないが、どう考えても拙劣な命名である。

英語やドイツ語は rectangle, Rechteck となっているから「直角形」というような意味になり、合理的である。辺については長い短いとはなにも言わず、ただ角が直角であることだけを指定しているから、賢明である。

日本語でこれにならおうとすれば、「直角四辺形」もしくは略して「直四辺形」、あるいは「直四角形」のほうがまだましであろう。がんらい「方」の字は「方円の器」とか「方丈記」という使い方からみると、正方形ということらしい。「正方形」は同語反復となる。この意味だったら、長方形というのは同語矛盾となる。しかし漢和字典をひくと、矩形という意味もあるらしいことがわかる。だとすれば、長方形といわないで「方形」といえばよい、方形のなかに長方形と正方形とがある、ということになって、話のつじつまがうまく合うことになる。

これに類したことは他にいくらでもある。

例えば、円と長円（楕円）がそうだ。

円はそれこそ「まんまる」なのに、それが「長い円」の一種だとは、これいかに？という疑問は当然おこってくる。

英語の ellipse はどうも「ひしゃげた」という意味があるらしいが、「円」(circle)という字はなく、「円」に何かの形容詞をつけてできているわけではない、その点、長円よりはましである。

例2　累乗とはなにか

むかしは冪《べき》ということばがあった。この字はむずかしいから別の字にかえようとして「累乗」ということばがつくられたのだろう。

同じ数を加えるのを累加というのにならって、同じ数をかけるのを累乗とよぶようになったのだろう。

$$a \times a = a^2$$

$$a \times a \times a = a^3$$

…………

しかし累加ということばにも若干の疑問がある。

累加は乗法の一種であるが、全部ではない。

$a \times 1$は、たし算をしないのだから、累加とはいえないはずである。同じことが累乗についても言える。

a^1は乗法をおこなわないのだから累乗とよぶことには躊躇せざるをえない。

だいいち、こんなにひんぱんに出てくる術語を2字にするのは感心できない。

ここは思い切って英語の power を直訳して「力《りき》」という新しいことばを作ったらどうか、「力指数」、「力等元」、「力級数」、……、などと発音してもなかなかよろしい。

もともと a^n は急激に大きくなったり、小さくなったりするので「力」のほうが力感に溢れているようだ。英語の power だって、そこからきているのかもしれない。

例３　倍とはなにか

池田内閣は「所得倍増」というスローガンをかかげた。そのときの「倍」はなんだったのか。私ははじめから信用していなかったので、2倍なのか、3倍なのか、あるいは$\frac{1}{2}$倍なのか、せんさくしてみる意欲さえもっていなかったが、今改めて考えてみると、それはたぶん「2倍」という意味だったのだろう。

月給の額面は2倍になっても物価が2倍になっては意味がないのだから、実質の所得を表わすには江戸時代のサムライにならって「何石」という言い方に変えたらどうかと思う。ベース・アップの要求額も何千円アップなどと言わずに何石アップとしたほうがよいではないかと思ったりする。

閑話休題、倍のことにもどるが、このことばもはっきりしないことばだ。「人一倍親切だ」、「人一倍欲張りだ」などというときは他人と同じというのではなく、1倍分だけ多い、つまり2倍ということらしい。

もともと倍ということばの意味がアイマイな所へもってきて、やたらに拡張解釈することが流行している。

$\frac{1}{3}$倍、〇・五倍などがそうである。これはある意味では数学の側の得手勝手な拡張解釈としか言いようがない。

この拡張解釈はいたるところに顔を出す。たとえば、ある教科書では乗法の定義を倍から説明しているが、その倍がまた乗法をもとにしている、というありさまである。つまり循環論である。これでは理解できないのが当然であろう。

例4　分数とはなにか

ある私立中学校の入学試験につぎのような問題が出された。

「4÷7は$\frac{4}{7}$であることを、弟や妹にもわかるように説明してごらんなさい。」

この問題のできたのは一人もいなかったそうである。$\frac{4}{7}$の定義は$\frac{1}{7}$を4つ集めたもの、すなわち

1÷7×4

であるが、これが結局4÷7、つまり

1×4÷7

であることを簡単明瞭に証明することなのである。つまり、÷7と×4の順序を入れかえてもよい、ということである。

これをわかりやすく証明するには、

1を正方形、つまりタイルで表わし、それを4個ならべて、4をつくり、それを重ねて7等分すればよい。つまり$4 \div 7$である。

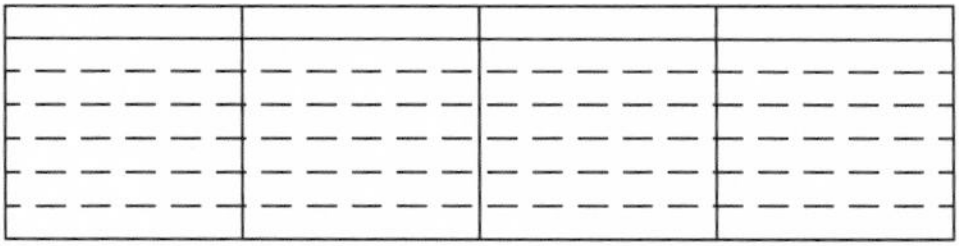

これを図でみると$\frac{1}{7}$が4個になっているから、定義によって$\frac{4}{7}$になるわけである。

あるいは4きれの食パンを重ねて7等分しても同じである。

これだけの説明のできる生徒が数十名のなかに一人もいなかったということになる。

そのことは、この分数の基本的性質が、いまの小学校では教えられていない、ということを物語っている、といっても言い過ぎではない。

これはほんの一例であるが、いまの数学は論理的にみて穴だらけの方法で教えられているのである。これでは「論理的」という数学の看板が泣くだろう。

数学は常に発展しつつある学問である

こんなことをいうと、いまさらなにをいうか、という人も多いだろう。

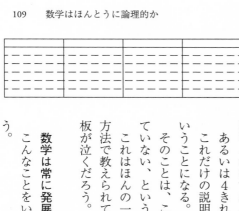

しかし、数学が発展しつつあるということが具体的にどのような影響を及ぼしているかを詳しく検討してみたことのある人は意外に少ないように思われる。この発展しつつある、ということから、論理的な矛盾がいたるところで顔を出してくるのである。

たとえば三角関数を考えてみよう。

はじめ、それは直角三角形をもとにして定義されていたから、0°や90°にたいしては定義されていなかった。このことは中学生だったころを思いだしていただくとはっきりする。

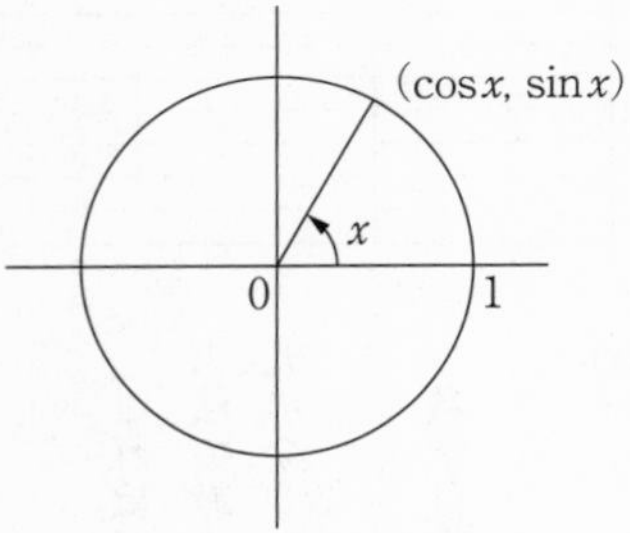

sin0°やsin90°の定義はいかにもコジツケめいていただろう。さらに進んで、三角形の解法がでてくると、鈍角の三角関数がでてきた。これになると、いよいよコジツケの感が強くなってきた。また加法定理などになると、どうしても一般角の三角関数が必要になる。ここまでくると、出発点であった直角三角形はいよいよ縁遠いものとなってくる。

このように考えてくると、sin$x$, cos$x$ とはいっても、その定義域は拡張につぐ拡張を経て、一般角までくる。さらに複素数まで拡張されるようになる。これはまさに数学の発展がそうしたのである。

そのような見地からながめると、つまり数学を「発展の相」においてながめると、関数の定義域を固定してしまうのはあまり感心できないことである。

近ごろ、関数を集合と集合とのあいだの対応としてとらえさせることを、金科玉条のように唱える人があるが、それはにわかに賛成できない。

それが「数学的に」まちがっている、というのではない。

しかし「数学教育的には」賢明な方法であるとは思えないのである。つまり、定義域を一つの集合として固定してしまうと、定義域の拡大という大事な方向が見失われてしまう。

このようなことを考慮に入れると、はじめから、できるだけ一般的な定義を与えたほうがよい、ということになる。

三角関数を例にとると、

鋭角 ⟶ 鈍角 ⟶ 一般角

という道を避けて、はじめから一般角の三角関数を定義したほうがよい、ということになる。そのためには、単位円上の点の座標として $\cos x$, $\sin x$ を定義しておけばいいわけである。

これなら、定義域を拡張するたびに考えを切り換える必要はないわけである。とはいっても、はじめから複素数の三角関数を定義することはできないだろうし、そこまでやる必要もないだろう。

集合は万能か

近ごろ、小学校から集合がはいってきて、子ども、先生、父母を悩ましている。これは数学のなかに論理をとり入れると、どうしてもそれが避けられなくなってくる。このことをどう考えたらよいか。

集合を考えたら、すべてがうまくいくか。つまり、集合は万能か、という疑問が起こってくる。

そのことを考えるためには、有限集合と無限集合を峻別しておく必要がある。

歴史的にみると、カントルがはじめて集合を考えたのは有限集合ではなく、無限集合がめあてであった。有限集合は事のついでにでてきただけである。

ところが、有限集合は名称こそなかったが、大昔から小学校の1年生からでてきたものであって、内容はすこしも新しいものではない。

有限集合の要素の個数は集合論でいう濃度であり、これを無限集合に拡張したのはカントルであった。

ところで、有限集合の要素の個数は、その集合を量、つまり分離量としてみたときの測度ともなっている。

つまり

有限集合では濃度と測度とは一致している。

しかし無限ではそうはならない。

たとえば一つの線分を点の集合とみなしたとき、その濃度は自然数の集合より大きい連続性の濃度をもっているが、測度は有限の実数である。つまり、

無限集合では濃度と測度は別ものである。

このことを念頭におくならば、少なくとも初等数学の範囲内では、集合は万能ではないことがわかるだろう。

長さ、体積、重さ、……などの連続量を集合論で取り扱うことにするなら、当然、連続の濃度まで考えざるをえないが、そういうことが小学生に可能であると考える人は一人もないだろう。

また連続量で問題になるのは測度であるが、これは前にのべたように、濃度とは別の概念なのである。たとえば同じ連続の濃度をもちながら、測度の異なる集合がいく

らもある。カントルの集合などといわれているものは、連続の濃度をもちながら測度が0となる。だから測度は新しく定義しなければならない。

もともとカントルの集合論はすべてのものを最小の要素にまで分解する数学的原子論というべきものだから、分離量的であり連続量をあつかうには不向きなのである。だから初等数学における量の体系は集合とは一応別の柱とみるべきである。つまりそこでは集合は決して万能ではないのである。

以上あげた実例から、一つの結論を引きだすとすればつぎのようになるだろう。**発展の相においてみるなら、数学は論理的に一点のすきもない整然たる体系ではない。**

そのように見えないとしたら、それは発展の相においてではなく、静止の相において見るからである。

数学のおもしろさ

数学ぎらいは世のなかには多いが、その嫌いになった理由はなんだろうか。

また少数ながら、数学好きがいて、数学がおもしろくてたまらん、という人もいる。

その好きになった理由はなにか。

この二つを一つの問題として考えてみたい。

それは「数学は論理的か」という問題と深くかかわっているようである。はじめにあげた例1〜例4は論理的だという看板をかかげていながら、看板倒れになっていて、しかもそのことに気づかずに子どもに教えてきたことを示している。そこで子どもがわからなくなり、数学ぎらいを大量生産していたわけである。これは論理的でなかったために嫌いになった例である。その責任はもっぱら教える側にある。

では、数学を論理的で首尾一貫した体系として教えさえしたら、嫌いな人はなくなり、皆好きになるるか、といえばそうもいかないようである。

私の経験からすると、数学のおもしろさは、それが変化し発展していることにあるようだ。

たとえば、微分積分をやっているときは、マイナスの数の対数は存在しないことをやかましく言われるし、そのことを種にした入試問題などがたくさん作られている。ところが複素関数論をやると、マイナスの数の対数だって平気の平左である。そのことを知ったときの喜びはなんともいえない。

「昔はなんてバカなことをやっていたのだろう」

つまり、

「昔はものを思わざりけり」

である。そこには自分の視界が拡大された喜びがある。

こういう喜びは、はじめから首尾一貫した整然たる体系になっていたら、生まれてこないだろう。数学が発展していって、はじめに着ていた衣を脱いで、新しい姿になって立ち現われるからである。

つまり数学を発展の相でとらえることができたからである。

数学と方法

科学の基本的方法としての分析と総合

数学にかぎらず、自然科学一般に共通な研究の方法として分析と総合の方法がある。分析は分けることであり、総合はいちど分けたものを再びつなぎ合わせることである。科学というところまでいかなくても、われわれがものを調べようとするときは、多かれ少なかれこの方法がつかわれる。

子どものとき、身近にある道具や機械をいじりこわして叱られた覚えがだれにもあるだろう。たとえば子どもが目ざまし時計を分解してとうとうこわしてしまった、などということはしばしば見かけることである。しかし、こわしてみる、ということは複雑なものを簡単な部分品に分けることであって、これは分析という手続きそのものであり、子どもは本能的にこの分析という操作を実行したまでである。研究心の強い子どもほど物をこわす、とよく言われるのも、研究ということが部分に分けること、すなわち分析から始まるからである。

ここでは、分析という研究法が、いろいろの科学の中でどのように使われているかをしらべてみよう。

まず第一に物理学における原子論である。物体をしだいに細かく分けていくと、これ以上分けられないものにつき当たる。そのようなものが原子である、という考え方は古代ギリシアの昔から存在していた。デモクリトスなどから始まる原子論の伝統は、ときによって盛衰があったにせよ、科学の歴史を貫いている重要な糸である。原子論的な考え方が、十分に豊富な実験的な事実と結びついて生まれたのが現代の物質構造論である、といってよい。

また化学でも、分析は最も有力な手段である。複雑な物質を細分していって、これ以上分析のできない元素が得られ、そのような元素を再び化合させて複雑な化合物がつくられる。これが総合である。化学者は分析と総合という手段をあわせ用いることによって、自然界に存在している物質のかくれた性質を知るだけではなく、今まで自然界には存在しなかった新しい物質をつくりだすことに成功したのである。最近における有機合成のめざましい成功は、この分析と総合の方法を活用したからだ、といってもよいだろう。

生物学者は生物の体を分けていって、最も単純な細胞に到達する。細胞は生物学における原子である。細胞が結合して複雑な生物がつくりあげられる。

また経済学者は複雑な資本主義社会を分析していって、最も単純な商品という考えを見いだし、単純な商品の基本的な動きかたを研究して、それをつみ重ねることによって社会全体の運動法則を知ろうとする。

また大脳の生理学をつくり上げたパヴロフは、その学問の三大原則の一つとして分析と総合の原則を打ち立てた。

このようにみてくると、分析と総合は、あらゆる科学に共通する基本的な研究法であるといってよい。しかし、この方法が歴史的に最も早く確立されたのはユークリッドの『原論』であるといえよう。

数学における分析と総合

ユークリッドの『原論』は、よく知られているように、つぎの一句から始まる。

「点は部分をもたず、大きさをもたないものである。」

点はあらゆる図形の原子であり、細胞だからである。ユークリッドの『原論』は、点・直線・角・三角形・多角形……というように、単純から複雑へと進んでいく。このようにして『原論』は、図形の分析の極点からしだいに総合によって一般の図形へと進んでいくやり方の模範だといえる。二千年前にこのように整然とした方法によって貫かれた本が書かれたということが、すでに一つの驚異である。したがってここでは、複雑な図形を点や直線に分解する最初の分析の過程は省略されていることを忘れてはならない。

このような方法は数学全体を貫いている。たとえば整数を素数の積に分けることは典型的な分析であるし、曲線の微小部分を直線とみなす微分学は分析的方法の上に立っているといってよい。とくに、あらゆる図形を点の集合と考える集合論は、ユークリッドの方法を大胆に徹底的におし進めたものといえる（集合論の分析的方法については拙著『無限と連続』第一章を参照）。

このような分析と総合の方法は、小学一年生の算数から現代数学の第一線まで貫通している基本原理である。整数の加減乗除を基数の加減乗除からつみ上げていくのも、分析と総合の適用にほかならない。

数学教育における分析と総合

戦後の生活単元学習が失敗した原因の中で一ばん大きいのは、学習の総合性を強調するあまり、学習の分析性を忘れたことにある。生活経験の一場合をもってきて、それを生活単元と名づけて、それを子どもたちに再経験させる。このような生活単元をそのまま並べていけばあらゆる望ましい知識や技能は習得できる、という信念の上にそれは立っている。しかし、そのような信念は正しいだろうか。

なまのままの生活経験を最初にもってくることは、子どもの興味をよび起こし、学習の自然さを保つ点から言っても正しい。あらゆる知識や学問が経験から出発すべきである以上、それは当然のことである。だがここで忘れてならないことは、なまの生活経験というものは、ただ経験しただけでは限りなく複雑なものであり、雑多なものであって、そこから望ましいことはなにも学びとることはできない、ということである。なまの生活経験はあまりにたくさんの要素が総合されていて、未分化のままであり、分析する力のない人がそれを経験したのでは、知識にも技能にもならないのである。温泉のことを学習させようと思って、温泉見学につれていったが、子どもは温泉の湯ぶねには丸いのや四角なのがある、ということにしか興味をもたなかった、というような笑い話は至るところにあるが、これは、分析力をもたない経験が無意味であることをよく物語っている。

教育一般でもそうだが、とくに科学教育では、学習はつぎのような形をとることが望ましい。

なまの経験 (分析)→ 単純化された要素 (総合)→ 組織され法則化された認識。

ところで、この分析の力はどのようにして得られるだろうか。分析がたんに物体を部分に分けることだけであったら、分析の力は生得のものといえる。したがって分析の力を得るために学習する必要はない。だが分析ということばは、もっと広い意味をもっている。たとえば一つの角砂糖を見て、「白い」「四角である」「甘い」ということは、角砂糖のもっているいろいろの性質を分析してみたことになる。このような判断ができるためには「白い」か「黒い」か、「四角」か「丸い」か、「甘い」か「からい」かという概念がなければできないことである。さらに、もし概念というものが生まれるにはことばが必要であるとすれば、ことばの教育がなければ結局、性質を分析したりすることはできないことになる。概念というものを生得のものとみれば別であるが、概念やことばが生得でなく、あとで獲得されるものであるとすれば、分析の力も生得でなく、あとで獲得されるものであろう。

したがって教育、とくに初等教育では、どうしても概念つくりの仕事が重要である。数学教育では、どのようにして概念つくりの仕事がおこなわれるだろうか。それはいきなり概念にぶっつけることから始めるべきだろうか。たとえば1という数の概念をつくっていくのに、いきなり抽象的な1から始めるべきではない。このさい、1をふくんでいる具体物を意図的に配列して子どもに経験させるべきである。そのようなものとして「一人の人間」「一匹の犬」「一枚の紙」「一本の鉛筆」「一羽のとり」「一個のたまご」などがある。このような具体物をまとめて経験させることによって、1の概念つくりができるのである。

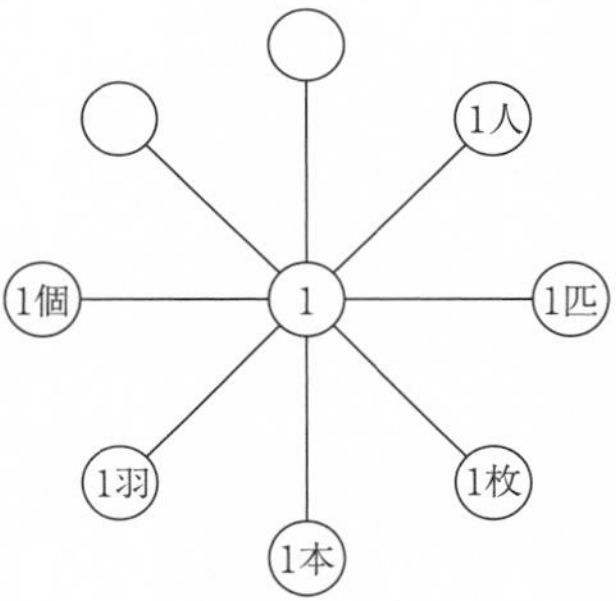

このさい、重要なことは、概念つくりのおこなわれているあいだ、他の経験はしめだしておく必要があるということである。それは映画をみるとき、暗幕で外界の光や音をたちきっておくのと似ている。つまり学習は、単一のテーマを中心として集中的におこなわなければならない。このような学習を私は分析学習とよぶことにしよう。

もちろん分析学習だけで十分であるというのではな

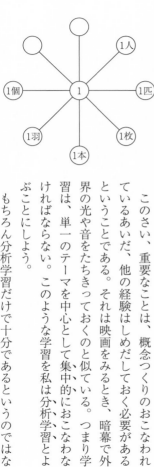

い。これと対立的な学習法である総合学習も、もちろん必要である。それはすでに獲得された単純な概念をたがいにつなぎ合わせる総合の力をつくるためにも、また、複雑で多様な具体的な事物を単純な要素に分析する力をつくるためにも必要なのである。だから総合学習では、できるだけ複雑で多様なままの生活経験で、多くの要素をふくむものが望ましいわけである。

科学教育では、これらの分析学習と総合学習を適当に組み合わせ、それがたがいに助け合うように計画する必要がある。むかしの科学教育は、分析学習一辺倒であり、戦後のそれは総合学習一辺倒であったといっても過言ではない。それらはいずれも、正しい学習法の一面をなしているにすぎない。

全般的にいって、戦後の生活単元学習の中には、分析にたいする不当な恐怖、または嫌悪がある。数学教育にかぎらず、国語教育において単語をカナに分解することがしりぞけられて、「一目読み」の方法がとられたのも、英語の無批判的な模倣ということのほかに、分析的方法への不当な恐怖が働いているようである。

それでは、どうしてこのような分析への恐怖が発生したのであろうか。それには、過去の分析学習一辺倒への反動があることはもちろんであろう。しかしそれだけではなさそうである。そこにはゲシュタルト心理学の強い影響があるといえるのではなかろうか。

ゲシュタルト心理学について

ゲシュタルト心理学がたんに心理学のワクの中にとどまっているかぎり、筆者のような門外漢がそれを批判する資格もなければ、またその必要もないのである。しかしゲシュタルト心理学者の発言や研究活動をながめると、彼らはゲシュタルト心理学をたんなる一つの心理学としておくことに満足せず、それをあらゆる科学の普遍的な方法にまで拡大しようとする野心に燃えているかのようにみえる。

たとえばゲシュタルト心理学の建設者といわれるウェルトハイマーの『生産的思考』（岩波現代叢書）にもそのことはうかがえるのである。その中には多くの数学上の発見がとりあつかわれているが、彼によれば、ゲシュタルト心理学のいう全体的構造がそれらの発見の基礎となったかのようである。

たしかにいかなる発見も、ある人間の心の中で起こるにちがいない。心の中で起こるから、それは心理学の領分であるというなら、すべての科学は、天文学も、物理学も、化学もみな心理学の中に解消してしまうだろう。だが、それは明らかに誤りであろう。おのおのの科学の中にはそれ自身の発展の歴史があり、それはなによりもまず客観的な世界の写しであって、それを心理の中に解消することはできない。心理学者は、心理学という学問の領域の規定があいまいであることに乗じて、それを無限に拡大しようとする誘惑に負けてはならないだろう。

また全体的構造だけが科学の方法の全部ではない。たとえば『生産的思考』の中に「多角形の角の和を見出すこと」という一章がある。その中では多角形の内角の和を求めるのに、いわゆる「方向の場」という考えによって説明している。ここでとくに注目すべきことは、多角形を三角形に分ける「三角形分割」の方法がしりぞけられていることである。多角形を三角形に分ける方法は典型的な分析的方法であり、全体的構造を強調するゲシュタルト心理学者のとくに排撃する方法であるのは当然であろう。ここには、ウェルトハイマーの分析への敵意が燃えたっているようである。

だがこの種の問題が、全体的構造、または場の考えだけで解決されると考えるのは大きな誤りである。このような方法はたとえば非ユークリッド幾何学の多角形には適用できないのである。なぜなら、方向の場というものがもともと存在しないからである。しかし一方、三角形分割の方法は非ユークリッド幾何学でも依然として有効なのである。このようにゲシュタルト心理学がもし分析的方法一般を排斥するなら、それは科学の普遍的方法そのものに挑戦することになるだろう。

数学で分析的方法がもっともあざやかに、しかも意識的に用いられるのは微分学である。微分という方法そのものが分析なのである。そして、一度分析されたものが総合されて全体的構造を知る手続きが積分なのである。

自然の秘密を解いていくうえの最も強力な数学的手段は微分方程式であろう。微分方程式は事物の局部的瞬間的な状態を表わす式であって、それはまだ分析的な知識にほかならない。それらをつなぎ合わせて総合的な知識に到達するのが積分、もしくは「微分方程式を解く」手続きである。これは明らかに部分から全体へ向かう方法であって、その逆ではない。たとえば天文学で有名な問題として三体問題がある。これは太陽と地球と月が万有引力によって引合いながら運動するとき、どのような運動をするかを知ろうとする問題である。この運動の局部的瞬間的な状態は容易に知ることができる。それは運動の微分方程式によって示されているからである。しかし、その方程式を解くこと、すなわち運動の全体的構造を知ることはまだできていない。三体問題は二〇〇年以上の昔から天文学の中心問題であったが、完全な解決はまだできていないのである。このような問題にたいして、ウェルトハイマーはどのような答をするであろうか。

およそ科学の法則は、それが法則である以上は普遍性をもたねばならない。複雑で多様な事実の中からつごうのよい事実だけを抜き出してきて、「法則」を当てはめてみせて、つごうの悪い事実は黙殺するというのは科学者の態度ではない。

『生産的思考』が邦訳されてから、この本はわが国の数学教育者の注目をひいているようである。それはたしかにすぐれた思いつきと洞察に満ちている。しかしそのおもしろさは、分析的方法をしりぞけて、全体的構造だけを強調するところにある。「分析と総合」という二本足で立つかわりに、総合という一本足で立ってみせたおもしろさである。それはなるほど気のきいたおもしろい随筆ではあろうが、一つの科学の土台にはなりえないだろう。

以上筆者は、ゲシュタルト心理学が科学の一般的方法である「分析」を排撃している点を批判したのであるが、心理学の中からも多くの批判があることを注意しておきたい。ゲシュタルト心理学と決定的に対立する立場に立つのはおそらくパヴロフであろう。

『パヴロフの水曜日』（一九三四年一一月二八日）の中で、彼はつぎのように言っている。

「ゲシュタルト心理学は、心理学の根本問題である分析に反対することを主な任務としている。すべての実証的な現代科学がまったく分析のうえに立っており、不可避的にそれから出発している事実を考えると、これはいささか奇妙な研究法である。もしわれわれが人間の行動や経験を分析することをしなかったら、どんな心理学に到達することもできないだろう。

さらに、ゲシュタルト心理学は連合の概念がたんなる誤解であると主張する。まったく、なんと奇妙な急進主義であることか。」

このように、ゲシュタルト心理学は、一つの心理学ではあろうが、心理学のすべてではないのである。それを数学教育の基礎として、数千万の日本の子どもたちを教えるための出発点とするには、さらに深い検討が必要であろう。

融合主義の批判

分析一辺倒の古い教育法を批判して、学習の総合性を主張したのがいわゆるインテグレーションの運動である。そのかぎりにおいて、それは正しいものをもっていたと言える。それは、数学は数学、国語は国語という狭いワクの中に立てこもっていた分科主義を打ち破って、総合性を回復することに成功したのである。

数学の中にもワクがあった。数量をあつかう代数と、図形をあつかう幾何である。たとえば藤沢利喜太郎はこの二つの中に通り抜けることのできない壁をつくった。代数で図形をつかったり、幾何で計算をつかうことは許すべからざる罪悪としてしりぞけられた。これが明治の末期から昭和の初期まで、日本の数学教育を支配した孤立主義である。

このような孤立主義を打ち破るために融合主義が登場した。一つの教科書の中で、代数的な教材と幾何的な教材とが盛られるようになった。それは孤立主義を打破するためには、まことによい対抗手段であったといえる。しかしこの融合主義は、中学校以上になると、ぐあいの悪い点がたくさんでてくるのである。

まず第一に中学以上になると、代数と幾何のあいだには内容的に融合できにくいものが多くなってくる。たとえば代数における文字計算などはその一つである。文字計算にいちいち図形的な意味をつけることはできないし、またそれは正しいことではない。一方幾何のほうでも、計量の対象になりにくいものがたくさんでてくる。合同・対称などというのはそれである。融合できないものを無理に一つの教科書の中に入れておくと、それは融合ではなく「混合」になってしまう。このようにして中学以上の融合主義は結果において混合主義になってしまったようである。

ことに幾何の論証がでてくると、融合主義の欠点ははっきりしてくる。論証は継続的に指導しないと効果のないものであるが、融合主義によると、途中で代数教材がわりこんできて学習が中断されてしまうのである。

戦後の中学の教科書はほとんど融合主義によっているが、そのためにいろいろの偏向が生じている。無理に融合主義をおし通そうとするために、代数の中で図形化できないもの、たとえば文字計算の練習がしぜんと敬遠され、また他方では幾何の中でも、数量化されない教材、たとえば論証や対称図形が軽視されるという結果になっている。

中学になったら、もう代数幾何並進主義でなければいけないと私は思う。代数を主役として幾何をワキ役にする部分と、幾何を主役として代数をワキ役とする部分が並んで進み、最後にグラフで統一するのがいいようである。あらゆるものは発展するにつれて分化する。教科も、高学年にいくにしたがって分化するのが自然である。

しかし分化は孤立を意味しない。

代数と幾何は数学教育の二人兄弟である。その兄弟が仲よくなければならないことはいうまでもない。しかし兄弟は、成長していって独立の生計を営むことができるようになると「分家」するのが自然である。経済的に独立して自分の家族をもつようになってからまで、同じ家に同居するのはよくない。かえって仲たがいすることが多いのである。分家したからといって絶交するわけではなく、必要なときには自由にゆききすればよいのである。代数と幾何を仲よくさせるためにいつまでも融合させておうというのは、兄弟をいつまでも一つの家に同居させておく「大家族主義」であり、結果は反対になることが多い。代数と幾何という二人兄弟は適当な時期に「分家」させるべきである。その時期は中学あたりがよいだろう。

数学の発展のために

科学の発展のしかたには大ざっぱにいって二つの方向があるといえよう。それは分化の方向と融合の方向である。たとえばユークリッドの『原論』は内容的にいって、幾何学と整数論と実数論をふくんでいるが、彼の時代にはこれらの部門が今日のようにはっきりと分化していなかったのであろう。ユークリッドの時代から現代の数学の部門別をながめるとまことに驚くべき分化、専門化をなしとげていることがわかる。

だがもし科学が分化の方向にだけ発展していったとしたら、やがて科学そのものが老衰し最後には死滅するほかはないだろう。むかしバベルの塔をたてようとしたとき、働いている人々のことばがたがいに通じなくなって塔の建設が途中でくじけてしまった、という寓話は今でも生きた意味をもっている。

分化し専門化し、各部門が孤立する危険がせまってくると、それとは反対の運動が起こってきて、各部門の壁が打ち破られ、科学全体が一つのルツボの中で融かされるような時代――星雲状態にも比すべき一時代がおとずれる。そのたびごとに科学は新しい生命力を得てよみがえってきたのである。ルネッサンスもそのような時代であったし、百科全書派の時代もそのような時代であったといえよう。

そのような時代は万能的天才を生む時代でもある。ダ・ヴィンチやライプニッツはやはりそのような星雲時代の子であった。専門家の細分化された知識よりは、統一的な原理をつかむ能力が尊重される時代だからであろう。もしそのような見地からわが国の数学をながめてみるとどうなるだろうか。

数学がわが国に輸入されたのは一九世紀末であったが、この時代はとくに一九世紀になって蓄積された巨大な資料がそろそろ整理されて、分化し専門化しようとしていた時代であった。たとえばコーシーによってはじめられた函数論はリーマンやワイエルシュトラスの手でまとめられて、ポアンカレやクラインの保型函数に至って一つの絶頂にのぼりつめていたし、射影幾何学を中心とする近世幾何学はクラインの「エルランゲン綱領」に至って、すでに一つの決着をつけられていた。また整数論もデデキントやクロネッカーのイデアル論の基礎づけが完了して、レールはすでにしかれていた。

このような事態は、ある意味では遅れて出発したものにとってつごうがよかったといえよう。なぜなら、科学という一本の樹の中の小さい枝だけを手折って一応自分のものとすることができたからである。枝から幹へ、幹から根へさらに進んで科学の根を養っている広大な社会にまでさかのぼって考えてみる労力を省いてくれたからである。たしかにこのことは先進国のなしとげた成果を短期間のあいだに吸収することを容易にしたにちがいない。

しかしその反面、そのためにわが国の学界に、科学の共通の根にまでさかのぼって、そこに潜んでいる共同の論理を探りだす気風をなくさせたといえよう。

同じ後進国といってもロシアは少し違った事情におかれているようである。ライプニッツの進言にもとづいてピヨトル大帝が学士院をつくったのは一八世紀の初頭であったが、この時代は啓蒙時代といわれ、諸科学がまだまだそれほど分化せず、ニュートンの生きていた偉大な星雲時代の熱はまだ冷却してはいなかったといってよかろう。このような時代に西欧の科学を輸入したロシアは自らの手で分化し専門化する作業をおこなう必要があったにちがいない。そのような必要がロモノーソフのような万能的天才を生みだしたといえないこともないだろう。ロシアにおけるそうした事情が一九世紀になってゲルツェンやベリンスキーやチェルヌィシェフスキーらのロシア唯物論の伝統を生みだしたのではなかったろうか。

パヴロフの伝記をよむと、青年時代にロシアの唯物論哲学者の影響を受けて生理学に志すところがあるが、このことはロシアの中で科学と哲学とが深く結びついていたことを物語っているといえよう。ところで、わが国のばあい、科学者で日本の哲学者の影響で科学に志した人が何人いるだろうか。

ロシアの科学が哲学と結びついていたという強味はやはりいろいろな面で物を言っているように思う。ロバチェフスキーの非ユークリッド幾何学だけをとってきてもそのことはいえる。それは一つの理論ではなく、数学の考え方を一変させる新しい出発を意味していた。確率論におけるチェビーシェフの仕事もやはりそのようなものであった。

わが国のばあい、たとえば高木類体論のもつ巨大な意義については繰り返す必要のないことであるが、それはむしろ新しい出発としてではなく、ハーセが言ったように、ガウスに始まる整数論の一つの完結としての偉大さであろう。

もう一つ見のがしてはならないのはロシアの科学者たちのもっていた社会、とくに教育にたいする関心の深さである。ロモノーソフは学校の創立者であったし、ロバチェフスキーもチェビーシェフも教育に深い関心をもっていたし、メンデレーフは化学の教科書も書いている。このことは文学者トルストイが算数のすぐれた教科書を書いていることとともに注目すべきことであろう。インテリゲンチャが悩める大衆の教育を忘れなかったことは、ロシアのすぐれた伝統のしからしめるところであったろう。

この点でもわが国は違っている。わが国では研究と教育は分裂している。教育に関心をもつことを研究者の堕落だとさえ考えかねない一種独特の知的貴族主義が根強く支配しているのである。

教育とかぎらず、社会的関心の薄さを誇る気風はわが国独特の伝統である。日露戦争を知らない学者がいたという作り話がまことしやかに語り伝えられるのも日本だけにしかないことであろう。社会にたいする関心はともかくとして、隣接諸科学にたいする関心もやはりきわめて薄い。広い応用をもつ解析学や幾何学が軽視されて、直接の応用をもたない代数学や整数論が不つり合いなほど重視されるのもそのことに関係がある。

社会や生産との生きいきした連関を失ったとき、そこには「数学のための数学」とでもいうべき不健康な空気がかもしだされる。唯美主義、知的貴族主義、天才至上主義、孤立主義、その他の病気がそこから発生する。

先日の国際数学会議にやってきた一人の学者はこういった。

「数学は芸術である」と。

人間の認識を広め、迷信を打ち破り、自然への支配力を強めるために、ともに戦ってきた物理学や天文学などの偉大な僚友たちのもとから逃れさって、数学は歓迎されざる客として辞を低くして芸術の門を叩くべきだというのが、唯美主義者たちの意見であるらしい。憐れな数学よ！

それに引き続いて、これと正反対な数学観をもつ学者がまたやってきた。それは新中国の蘇歩青教授である。彼はいった。「むかし林鶴一先生は数学をやっても汽車が速くなるわけではない、と言われましたが、新中国では数学をやると実際に汽車が速くなるのです。われわれは中国を遅れた農業国から工業国にかえるために多数の数学者をつくらなければなりません。それは困難な仕事ではありますが、われわれは必ずやりとげるでしょう。解放前の中国では学問は装飾であり、学者は個人の楽しみのために研究したものです。「清高」ということが学者のモットーでした。代数やトポロギーだけが尊敬されて、秀才はみなそれをやったものです。そしてアメリカに留学することが若い学徒の理想でした。しかし今は違います。建設に役だつ解析学や微分方程式が重要視されるようになりました。もともと学問は人民の中から生まれたものです。この学問を再び人民に返すことがわれわれ学者の任務です。」

六億の人々の建設事業の中からどのような数学が生まれるかは、将来の問題である。しかし数学が現実をつくりかえる仕事に参加しうる国、数学者が唯美主義者になる暇のないような国が存在することは忘れてはならない。

わが国の数学は大ざっぱに言って二つの大きな欠陥をもっているといえよう。それは歴史的な面と、応用の面とである。

わが国の数学が偉大な一九世紀を経験しなかったことは不幸であった。西欧の数学者がわれわれにまさっている点の一つは、彼らが一九世紀の伝統を身につけていることではなかろうか。

先日の国際数学会議で、ある学者がオイレルから語り始めたことは印象的であった。われわれの及び難いのはまさにこの点である。彼らは別に一九世紀数学をとくにとりあげて論ずることもないし、また自ら意識してもいないだろうが、彼らは学生時代から一九世紀数学を母乳のように吸いこんで、もはや血肉と化しているにちがいない。

このおくれをとりもどすために、外国に留学することが必要なのではない。われわれのなすべきことは一九世紀数学全体を貫いている論理をぬきだして、それを一つの方法論にまで高めることであろう。これはたんなる年代記を編むことではなく、研究に役だつような方法論をつくりあげるために歴史を探求することである。

この行き方によってだけ後進国は真実の意味で先進国に追いつくことができるのである。

もちろん一九世紀の巨大な遺産を整理するための一つの方法論として、ヒルベルトの公理主義が生まれたことはたしかである。しかし公理主義は数学の形式的側面だけを強調して、その内容をすて去る傾向をもつために、豊富な一九世紀数学のすべてを包みきることはできないだろう。一九世紀の数学はまだまだ眠っている無数の萌芽を隠しているように思える。

一九世紀数学の中から共通の論理を探りだして、それを将来への発展のバネとして利用できるようにする仕事はやりがいのある仕事であると思う。それは日本の数学を利するばかりではなく、中国をはじめとして急速に数学を吸収して自分のものとする必要のあるアジアの諸国をも益するであろう。

もう一つの欠陥は、他の自然科学との結びつきの薄いことである。毎年全国大学の数学科をでる多数の学生は「数学のための数学」というかたよった信念をもって社会に送りだされる。「数学は生活に役にたたぬものだ」という誇りと無力感との混った奇妙な気分をいだいて、選ばれた少数をのぞく多数の卒業生は社会の中に埋もれてしまう。

しかし皮肉なことに「数学は役にたたぬものだ」と考えているのは数学者だけなのである。数学者以外の人は数学が役にたつことをよく知っていて、数学者が必要な知識を提供してくれるのを待っているのである。数学が役にたつことを、知らないのは数学者だけである、という奇妙な事態が起こっている。

たとえば原子物理学が直面している数学的な困難を解決するためにも、数学者が協力すべき余地が充分あるはずである。物理学と数学との深い依存関係は古代から著しいものがあるが、二〇世紀になってもそれは変わることなく続いている。相対論とリッチの絶対微分学、量子力学と固有値問題や群の表現論との関係は、その中でもとくに目立っている。しかしこれらのばあいにおいてはいずれも物理学者が必要とする適当な道具を数学者がすでに造りあげていたことは幸運であったと言えよう。物理学者は数学の既製品のストックの中に、必要な道具を探しだせばよかったのである。

しかし原子物理学の今後の発展を可能ならしめるためには、新しい数学をつくりだしてゆく必要があるかも知れない。むかしガリレオが古典力学の基礎をつくりあげたとき、それに必要な数学的道具―微分積分学はまだできあがっていなかった。つぎに現われたニュートンは必要な道具をつくりあげた上で古典力学を展開させていったのである。今日物理学の直面している困難はガリレオ・ニュートン時代のそれと同じものであるかもしれないのである。今日物理学者と協力して新しい世界像をつくりあげるという野心的な仕事にとりかかる数学者がなぜ現われないのだろうか。

また新しい工業の中心題目である自動制御や遠隔操縦の分野でも数学者の働く分野は無限にある。もっと多数の数学者がこの方面に志すことが期待される。

「数学は芸術である」という偏見から解放されさえすれば、数学者の眼前には無限の地平線が開けてくるだろう。この広い緑の広野で枯草ばかり選んで食う必要はないのである。数学はもっと幅の広い学問だったはずである。

教育にたいする無関心も改むべきことの一つである。戦後のアメリカ経験主義による数学教育がわが国の数学教育の方向を誤らしたことは否定できない事実である。政治権力を背景として推しすすめられているこの誤った教育を批判して、正しい教育を打ちたてることは数学を学んだものの国民としての義務であろう。蘇教授が言ったように、「人民から生まれた学問を人民に返す」という任務の一部がここにもあるのである。

数学教育の改革運動は孤立した運動ではなく、今日では、生活綴方、歴史教育、理科教育、産業教育などの運動と協力しつつ、平和と民主主義を守るために展開されている国民的教育運動の一環でなければならないし、またそうすることによってのみ推しすすめることのできる性格をになっているのである。
この運動にも若い学徒が多数参加することが期待される。

Ⅲ　数学はどう発展したか

数学の歴史的発展

数学史の時代区分

数学の発生以来の歴史を概観するために、数学史をつぎの四つの時代に分けることにする。

（1）古代
（2）中世
（3）近代
（4）現代

もちろん、歴史の時代区分というのは数学の発展の大まかな特徴をつかむためのものであって、時代と時代とのあいだに鋭い境界線が存在しているという意味ではない。

しかし、以上の四つの時代区分によって大きな特徴をつかむことはできるだろうと思う。

この四つの時代を分ける大きな標識として、つぎの三つの著作をあげることにする。

（１）ユークリッドの『原論』

（２）デカルトの『幾何学』

（３）ヒルベルトの『幾何学基礎論』

四つの時代を区分する著作がすべて幾何学にかんするものであることは、一見たんなる偶然であるように見えるかも知れない。しかし、それはたんなる偶然ではない。なぜなら、幾何学はもともとわれわれの外部に存在すると考えられている図形や空間にかんする科学であり、したがって、数学は客観的世界とどのような関係をもっているか、という問題を不問にして通りすぎることのできない分野だからである。これにたいして他の分野は一応そのような問題に触れないでもすむし、したがって、数学とはなにか、という問題を避けて通ることができるという事情がある。

このような理由で、三つの幾何学の特徴をくわしく分析することによって、四つの時代の本質をつかむことができると思われる。

古　代

これは数学の発生からユークリッドの『原論』までの時代である。

古代史の教えるところによると、人類が狩猟と採集の時代から牧畜と農業の時代にはいるにおよんで、大河の流域に最初の農業国家が生まれた。ナイル河のエジプト、チグリス・ユーフラテス河のバビロニア、インダス河のインド、黄河の中国、等がそれである。

この時代が生みだした数学は、いずれも農業国家の諸問題を解決する必要に応ずるものであった。耕地の面積、収穫物の体積、生産物の交換、天文学の観測結果等の計算がそれに当たる。エジプトのアーメス文書にしても、中国の九章算術にしても、そのような具体的問題の解決を主題としている。大まかにいって、この時代の数学は分数、小数の四則を中心とするものであった。程度からいうと、今日の初等算術に対応するものであったといえる。

ただこの時代の数学書の特徴としていえることは、数学的法則が一般的定理の形でのべられていないことである。

そうではなく、類似の問題を同じ箇所に配列し、そこから読者に一般的な解法を会得させるという形式をとっているのである。したがってこの時代には、数学のなかには定理の形でのべることのできる一般的法則が存在する、ということが明確には意識されていなかったのではないかと思われる。

したがって、この時代の数学は経験的、帰納的であったといえる。定理という形の一般的法則の存在が、明らかに意識されていなかったとすると、証明ということも考えられていなかったといえる。

ただ数学史家のノイゲバウエルのいうように、バビロニアの数学には、すでに証明というものがあったとすると、古代の数学にも、すでにそのワクを破る新しい芽が頭を出していたといえるかも知れない。しかし、それはまだ部分的であって、ユークリッドの『原論』のように、一つの分野の全体をごく少数の公理系から築きあげるような意図はみられなかった。

そういう意味では経験的、帰納的ということが古代数学の特徴であった、といえよう。

中世

人間の思考の歴史のなかで、古代ギリシアの演じた役割はきわめて大きい。人間の思考のあらゆる型が古代ギリシアに出そろった、というヘーゲルの批評はあたっているといわざるをえない。

数学史についても同じことが言える。論理的な思考の方法を確立した古代のギリシア人は、数学という学問を論理的に体系化する仕事にはじめて手をつけ、それに成功した。

二等辺三角形の底角は等しい、という定理をはじめて証明したのがターレスである、という伝説が事実であるかどうかは必ずしも明らかではないが、古代ギリシアにおいて少数の自明な事実からより複雑な事実を論理的に導きだす証明という手続きが確立されていたことには疑問の余地はない。

ターレスからピタゴラスを経て、プラトンやアリストテレスにいたる数世紀のあいだに、数学を一つの論理的体系とみなす数学観が確立されていった。

そのあいだに、数学とくに幾何学を少数の公理から論理的に導きだそうという試みが、多くの人々によって試みられたといわれている。

そのような試みは、今日ではあまり完全な形では残っていないし、とくに秘密主義を厳守したピタゴラス学派の達成した業績は、文書の形では残っていないといわれている。

そのような体系化のもっとも完成したものは、いうまでもなくユークリッドの『原論』である。

『原論』の性格をもっとも端的に物語っているのは「ストイケイヤ」というそのギリシア名であろう。ストイケイヤは、ギリシア語のアルファベットを意味しているが、それは単語を構成する原子のようなものであって、もっとも根源的なものを意味すると同時に「いろは」や「ABC」のように初歩、入門などの意味をもっている。つまりそれは、「原論」であると同時に、「入門」でもある。ラテン語では elementa であるが、これは l, m, n をそのままつないで同じようにアルファベットを意味するように新しくつくられたことばであるという。

『原論』の展開の形式そのものが、アルファベットから単語を構成するときのように、もっとも単純な事実を組合わせて、しだいに複雑な事実を導きだしていく、という方式によっている。

『原論』の構成はつぎのようになっている。まずはじめに「定義」といわれる23個の命題が現われてくる。それらはつぎのようなものである。

1　点は部分をもたないものである。

2　線は幅のない長さである。

3　線の両端は点である。

……………

そのつぎには「公準」がでてくる。

1　任意の点から任意の点へ直線をひくことができる。

2　有限の線分をどこまでも直線としてのばすことができる。

………………

全部で5個の公準があるが、第5のものはいわゆる平行線の公準である。

そのつぎに5個の「共通概念」がくる。それはつぎのようなものである。

1　同じものに等しいものはたがいに等しい。

2　等しいものに等しいものを加えたらやはり等しい。

………………

これらの例からも見てとれるように、点や線のような基本的な要素を説明したものが「定義」であり、それらの要素のあいだの相互関係を規定するものが「公準」であり、幾何学より広い数学全体に通ずる基本的原則を書き表わしたのが「共通概念」である。たとえば右にあげた命題は、より一般的な量そのものにかんする法則である。「定義」、「公準」、「共通概念」はいずれも自明で単純な事実である。これらを『原論』のはじめにかかげていることは重要である。これが、アルファベットに相当するもので、それらを組合わせて『原論』のなかにある465個の定理が次々に証明されていくのである。

ユークリッド以前にもこのような体系化の試みは存在したようであるが、ユークリッドほど体系的で計画的なものはなかった。それはまさに壮麗な理論的構築物であった。そしてそれが数学史のなかで演じた役割はきわめて大きかったのである。

ユークリッドのあとでは理論的な体系化を経ていないものはすぐれたものとはみなされなくなった。ユークリッドという一つの手本に合わないものは数学の素材ではあっても、数学そのものとはみなされなくなった。

これは経験的、帰納的であった古代数学を一変させて、それを理論的で、演繹的なものとした。このようにして数学が中世的な時代にはいったのである。

それではこの理論は幾何学としてどのような特徴をもっているだろうか。そのことを正しく考察しておかなくては、中世的な数学の特徴をつかむことはできない。

まず、『原論』の大きな特徴として目につくことは、そのなかにほとんど数字がないということである。線分 AB ということはたびたび出てくるが、その線分が何センチメートル、何メートルであるかは少しも問題にされていないし、また$\angle ABC$ はでてくるが、その角が何度何分であるかは考えられていないのである。面積も何平方センチメートルであるか、などはまったく問題にされていなかった。長さを何センチメートル、角を何度、面積を何平方センチメートルと表わしたものを測度（measure）というが、その測度が『原論』にはないのである。そのために図形が計算の対象とはなっていなかったし、したがって、代数学とのつながりを有していなかった。むしろ代数学を幾何学で代用する方向に進んでいく結果となった。

第二の大きな特徴は、図形を三角形に分割し、三角形を図形研究の出発点とみなしたことである。ユークリッドの『原論』を組立てている煉瓦に相当するのは三角形であり、三角形の合同定理が基本となった。この三角形分割は一つの研究方法であるにちがいないが、唯一の研究方法ではない。たとえばデカルトの『幾何学』では、三角形は重要な役割を演じていない。

第三の特徴は、図形をえがく道具としては、直線をえがく定木と円をえがくコンパスだけを許したことである。このことは直線と円だけを特別に神聖な線とみて、その他の曲線を賤しいものとみるギリシア人の伝統的な思考法にしたがったものであった。これもデカルトの『幾何学』とは異なっている。デカルトは定木やコンパスのほかに多くの機械的作図法についてのべている。

ユークリッドのもつこれらの特徴は数学の発展に深い影響をおよぼした。

要するにユークリッドのもっている大きな特徴の一つは、まず演繹的ということであった。そのことは『原論』のもつ全体的構成がそれを示している。

第四の特徴は、動的ではなく静的であるということである。

原論における三角形は、運動したり変化したりすることは初めから予想されていない。初めに与えられた三角形は、永久に変化しないものと予定されているのである。この点では一九世紀におけるクライン（F. Klein, 1849-1925）のエルランゲン綱領とは根本的に異なっている。クラインは、図形を変化させることによってその性質を探究していこうとする方法を提示したのであった。

演繹的であり、静的である、というのがユークリッド以後の中世数学の基本的特性をなしていたのである。

ただし、その断定にはある留保が必要である。それはアルキメデス（Archimedes, 287-212B.C.）のばあいである。ユークリッドにややおくれて出現したこの空前の天才は、演繹的、静的というワクのなかに押しこめることができそうにないからである。

彼は、放物線の求積において微分積分学の一歩手前のところまでせまっていたし、彼の消尽法は、コーシーの極限に肉迫していたともいえる。彼の天才は、動的な近代数学をすでに予見していたともいえるだろう。

だがあまりにも時代を超越していたアルキメデスの業績は、同時代人に理解されることなく、静的という中世数学の本質を変えることはできなかったのである。だから、アルキメデスは中世における一つの狂い咲きともいうべき特異な現象であった。

近代

近代数学が本格的に樹立されたのは、もちろんデカルトの『幾何学』からであるが、あらゆる歴史的な重大事件のばあいと同じように、デカルトにも前ぶれ、もしくは予告するものがあった。たとえば、一四世紀におけるニコル・オレム（N. Oresme, 1323?-1382）のように座標に気づいた人もあったし、それによって運動や変化をうまく記述することを考えた人もあった。しかし彼らの創見は散発的であって、デカルトのように、近代哲学という普遍的な思考法の一環として展開されたものではなかった。そのためにデカルトほどの一般性と徹底性をもちえなかった。デカルトのばあいは、『幾何学』が彼の哲学的主著である『方法序説』の付録として公表されたことからも明らかなように、彼自身の哲学的方法の一例題という形で提示されたのである。

デカルトはユークリッドのように三角形ではなく、平面そのものと、それを構成する点を出発点にとった。その点ではユークリッドにくらべると分析をより徹底的にすすめたといえる。

そして1点を二つの数の組、つまり座標で表わすことから出発した。ここで空間が数量と結びつけられた。ユークリッドでは切りはなされていた幾何学と代数学がふたたび握手させられることになった。デカルトの言うことにしたがうと、一方の短所を他方の長所によって補うように工夫したのである。

またデカルトは曲線を動く点のえがく軌跡としてとらえた。そこでは運動や変化が忌避されるかわりに積極的に数学のなかにとりこまれることになった。

このようにして静的であった中世数学のワクを打ち破って運動や変化が数学の主役として登場してきたといえる。そして当然のことながら、変量や変数が出現した。

ユークリッド『原論』の特徴としてあげた三つの点をすべて否定した立場からデカルトの『幾何学』は出発したのである。

第一に、測度を排除したユークリッドとは反対に、デカルトは直線を数直線としてとらえた。第二に、三角形ではなく点を幾何学の原子とみなした。また、デカルトは、直線と円を特別あつかいにすることはしなかった。それは無数にある曲線のなかの特別なものにすぎなかった。

一方、それはガリレオやケプラーによって基礎づけられた動力学にとってもっとも適切な数学的手段を提供するものであった。

しかし、デカルトによってきりひらかれた近代数学が、ガリレオやケプラーの動力学の十全な武器となるためには、さらにもう一歩の飛躍が必要であった。それはいうまでもなく、ニュートンやライプニッツの微分積分学である。この微分積分学の創始によって、動力学は十全な発展をとげることができたし、そこから近代的な力学的世界観が生みだされたのである。

微分積分学は、連続的な運動や変化に徹底的な分析・総合の方法を適用したものであるといえよう。

連続的な変化を無限に細かく分割して瞬間的な変化に帰着させるのが微分であり、その意味で無限小への分析であり、いちど無限小へ分析されたものをつなぎ合わせてもういちど有限に帰るのが積分である。つまり積分は総合に当たる。だから、微分積分は無限大の倍率をもった思考力の顕微鏡であると言えよう。

それは自然現象を忠実に描写する精巧なカメラのような性格をもっていたといえる。ニュートンは太陽系の運動を説明するのに、神は最初の衝撃を与えただけで、そのあとではひとりでに運動をはじめ、それ以後は、神といえども手を加えることはできないものとした。

これを数学的にほんやくすると、最初の衝撃は微分方程式の初期条件であり、それが与えられれば解は一意的に未来永劫まで決定されてしまうということになる。

このように微分積分学を中核とする近代数学は自然科学における連続変化の法則を探究するのにもっとも適した道具を提供したものといえる。

したがってその性格は、自然にたいしては受動的であり、その法則を帰納的に総合するという性格をもっていた。そのような意味で、近代数学の性格は動的、帰納的であるといえよう。

したがって近代数学のなかには、数学そのものの整合性にたいする理論的反省はまれにしか起こらなかった。なぜなら、数学そのものが自然法則の忠実な模写であるとすると、自然そのものに不整合が存在しないかぎり、数学に矛盾はありえないわけである。

要約すれば、近代数学は自然科学と密着していたといえよう。

現　代

このような近代数学に一つの転回を与えたのは、一八九九年に発表されたヒルベルトの『幾何学基礎論』であったといえる。

この重要な著作の構成をまず検討してみよう。この本はつぎの5群の公理から成り立っている。

1　結合の公理
2　順序の公理
3　合同の公理
4　平行の公理
5　連続の公理

これらの公理群をすべて満足する体系は、われわれのよく知っているユークリッド幾何学が得られる、という形をとっている。だが、ここで注意すべき点は、これらの公理を一まとめにして冒頭におくという形式をとらず、結合の公理から順々にいろいろの定理を導きだしながら、次々と公理を提示するという形式をとっていることである。

このような叙述の形式は、この著作の性格を鮮やかに物語っている。すなわち、結合の公理が設定されただけの段階でも、すでに幾何学というべきものが出現しうることを、それは物語っているのである。

この基礎論の目標はユークリッドの『原論』の公理系の不完全さを完璧にすることではなかった。ユークリッドの時代には唯一つの幾何学が存在するだけであった。ユークリッド幾何学と公理系をことにする非ユークリッド幾何学が発見されたのは一九世紀の初頭であったから、ユークリッドの念頭にあったのはもちろん単数の幾何学でしかなかった。しかしヒルベルトの時代には、非ユークリッド幾何学が市民権を確保していたのである。ここに重要な差異が存在することを無視してはならない。

ヒルベルトの念頭にあったのは複数の幾何学であり、それらの幾何学のあいだに平和的に共存できるような国際法を設定することであったといえよう。『幾何学基礎論』は、無数に可能な複数の幾何学のなかから公理を次々に与えることによって、ユークリッド幾何学を選びだしたのである。

だからヒルベルトの達成した業績は、普通考えられているように、たんにユークリッド幾何学を理論的に整備することにあったのではなく、無数の幾何学をつくりだしたことにあった。

その業績は合成化学者のそれに似ているといえよう。ある性質をもつ化合物を合成するために無数の組合せをつくっていって、最後に目標の化合物が得られる。その途中で副産物として得られた数多くの化合物は、当面の目的からは一応不必要なものであるが、また別の機会に目標が変わったとき、それらの副産物が利用できるのである。

ヒルベルトの幾何学基礎論によって新しくつくりだされた幾何学のなかには、たとえばアルキメデスの原理の成立しない非アルキメデスの幾何学や、有限個の点しかない有限幾何学などがある。このようなものは、ヒルベルト以前にはとうてい「幾何学」と名づけることさえできなかったようなものであったろう。

このような目標と内容をもったヒルベルトの基礎論が数学全体に与えた衝撃はきわめて大きかった。

さきにのべたように、近代数学のおもな傾向は自然模写的であったが、幾何学基礎論はその傾向を決定的に否定することから出発したのである。とくに幾何学は客観的な外的世界にその基礎をおいている学問とされていたのに、そのような学問のなかから、客観的世界に対応物を持っていないような奇怪なものが生まれでたことは、さらにその衝撃を倍加したといえる。

ヒルベルトのめざした方向は自然模写的ではなく、構成的（constructive）であった。

それは人間の構想力を自由に発揮して、新しいものをつくりだすことを意味していた。したがってそこでつくりだされたものが、自然界に存在することは当面必要ではない。そういう意味では芸術家の仕事に近いものといえよう。

芸術家は豊富な構想力を駆使して、新しい創造物を生みだすが、その創造物が単純な意味で客観的に存在するとはいえない。しかし、それがまったくの虚妄であるというのは誤りであろう。

たとえばすぐれた建築家によって設計された建物は、それが建築家の脳裏にあるあいだはまだ一つの空想であり、ある意味では一つの虚妄にすぎないとも言えよう。しかし、それはやがて実現されうるものであるという意味では具体物なのである。

またすぐれた作家によってつくり出された人物典型、たとえばドン・キホーテのような典型は、そのままの形では現実には存在しないだろう。しかし、ドン・キホーテに似た人物は無数に存在するし、とくにドン・キホーテという鮮やかな典型をひとたび知った後では、人間をみる目はいっそう深くなるだろう。ドン・キホーテはそのような意味で客観的に実在するといえる。ドン・キホーテは写真ではなく、絵である。

それは自然模写的な産物ではなく、自然を先取りして、それを構成したものである。ヒルベルト以後数学のなかにこのような構成的な方法が正門から堂々と導入されたのである。

しかし、構成的方法が、突如としてヒルベルトによって出現したと考えるのは誤りである。

たとえば、E・T・ベルは『数学の発展』のなかで、構成的方法は一八〇一年のガウスの『整数論研究』によってはじめて導入されたと主張している。この主張もある意味では正しいとみることができる。ガウスの整数論のなかで新しく創りだされた類別や合同式、原始根などの概念は高度に構成的な性格をもっていることは明らかである。しかしそれは整数論の本質上そのような構成的方法が必要とされたためであって、その方法が数学全体に拡張されることが明瞭に意識されていたとはいえない。

したがって、構成的方法は一八〇一年にガウスの整数論によって受胎され、約一〇〇年の懐妊期間を経て一八九九年に生み落とされたというほうが適切であろう。

その一〇〇年間に構成的方法を生みだすのに貢献したおもな理論をあげるとつぎのようになるだろう。

(1)　ガロアの理論
(2)　ロバチェフスキー・ボヤイの非ユークリッド幾何学
(3)　デデキント・クロネッカーの整数論
(4)　リーマン幾何学
(5)　リーマン面
(6)　グラースマンの空間論
(7)　デデキントの無理数論

(8)　カントルの集合論

これらの理論の大まかな特徴をあげてそれらがどのようにして構成的方法をつくりだすのに役だったかをのべてみよう。

まずガロアの理論は、四則演算にたいして閉じている体の概念を確立したが、体を自然模写的であるとは言えないだろう。とくにガロアの発見した有限体は構成的なものである。

ガロアは体の概念を確立しただけでなく体の自己同型の操作の集まりとしてのガロア群を発見し、それが体の構造を探究する有力な武器を与えることに気づいた。それ以来、操作の集合としての群が代数学の重要な研究対象として登場してきた。

ロバチェフスキー・ボヤイの非ユークリッド幾何学の出現はユークリッド幾何学の絶対性を打ち破って、それは無数に可能な幾何学の一つにすぎないことを明らかにした。それは内部矛盾なく構成された一つの体系であることを示した。

デデキント・クロネッカーの代数的整数論はいうまでもなく、ガウスによってはじめられた整数論の正当な後継者であり、そこではイデアールをはじめとする構成的方法の鮮やかな手本が数多く見いだされる。

リーマンの『幾何学の基礎をなす仮説について』（一八五四）は n 次元の曲った空

間をはじめて提起したものであって、構成的方法のよい実例をなしている。

またリーマンが複素関数論の出発点として考えだしたいわゆるリーマン面はリーマンの天才的構想力を如実に発揮したものとみることができよう。それは今日の位相幾何学の出発点をなすものであった。

n次元の線型空間論を展開したグラースマンの「空間論」もやはり構成的方法のよい例であろう。

一九世紀に現われたこれらの理論は構成的方法の重要性をしだいに浮かび上がらせ、それらの流れが、最後的にヒルベルトの『幾何学基礎論』を生みだしたといえるだろう。しかし、そのなかでもっとも重要なものはおそらくカントルの集合論であろう。なにかが構成されるとき、構成されるまえには、たんなる素材の集まりがあるだけであろう。

カントルのいう集合はそのようなものであった。

要素、すなわち構成分子どうしのあいだにはなんらかの相互関係が存在するのが普通であるが、カントルの集合論はそのような相互関係を無視して、それらの要素のたんなる集まりとみなす。そのことは二つの集合のあいだに1対1対応がつけられるときは、それらの集合を同等のものとみなす集合論の出発点のなかにすでにふくまれている。結果的にいうと1対1対応は相互関係をもつ体系から相互関係を捨象する役割を果たしているのである。

このように集合論は考える対象をいちどバラバラの原子にまで解体したのであるが、しかしそれは最終の目標ではなかった。いちど解体したものをふたたび組立てて相互関係のある体系に到達するために通過しなければならない一つの段階にすぎなかったのである。この過程はつぎのようにかき表わすことができるだろう。

相互関係をもつ体系 ─(解体)→ 集合 ─(再構成)→ 相互関係をもつ体系

カントルによって解体されたものを再構成する仕事がヒルベルトに課せられた問題であった。そのことを鮮やかになしとげたのが『幾何学基礎論』であった。

ヒルベルトの構成的方法はその当時は公理主義とよばれていた。それはいちど解体された要素を結び合わせるのが公理、もしくは公理系だからである。公理の意味はヒルベルトにいたって完全に新しいものとなった。ユークリッドでは、公理は自明な事実であったが、ヒルベルトでは要素と要素とを結びつける仮説となったのである。リーマンが「幾何学の基礎をなす仮説」とよんだようにヒルベルトの公理も仮説であった。

『幾何学基礎論』ではユークリッドのような点や直線の定義はない。がんらい定義は数学的諸概念の現実的意味を規定するものであるが、そのような定義は不可能であり、また不必要である、という立場を『幾何学基礎論』はとっているのである。およそなにかを定義するのには他のなにかをもってこなければならないが、その他のものはなにかを定義しなければならなくなり、どこまでいっても終わりにはならない。だから点や直線はヒルベルトでは無定義語といわれる。われわれの関心事は「なにか」ではなく、「いかに関係するか」であり、その関係の型が重要なのである。

ここにヒルベルトの構成的方法がはっきりと見てとれるだろう。

したがって「公理主義」という初めの名称はその本質にふさわしいものではない。公理といってもユークリッドの公理とはまるで異なったものであり、そのために、天下りに公理を設定して、そこから演繹的にすべてを導きだそうという思考の態度と受けとられる危険があった。

ヒルベルトによってうち立てられた二〇世紀の数学を現代数学とよぶことにすると、そのような現代数学の特徴の一つは構成的とよぶことができよう。

しかし、構成的という特徴のなかにもう一つ静的という特徴をつけ加えることができるだろう。

それにはやはりカントルの集合論にまで立ちもどってみる必要がある。カントルの集合はきわめて広い意味をもってはいるが、しかしそれは重要な一つの条件にしばられている。それは閉鎖的な体系であるということである。一つの要素がある集合にふくまれているかどうかは確定していなければならない、という意味でそれは閉鎖的というのである。たとえば「背の高い人の集合」などというものは集合ではない。背が高いか低いかの正確な基準はなく、したがって人によってその集まりは広くなったり狭くなったりするだろう。集合というのは不特定多数のものの集まりではない。そのことがとくにはっきりするのは無限集合のばあいである。

自然数1、2、3……は無限であるとはいってもその意味は必ずしも明らかではない。どのような大きな数を与えてもそれを追い越す数がありうる、という意味の無限、すなわち可能性の無限として考える立場もある。このような無限は閉鎖的ではなく開放的であり、静的ではなく動的であるともいえる。しかし、カントルの無限はそのように「いくらでも大きくなりうる」可能性の無限ではなく、すでに無限になってしまったものであり、それを彼は「実無限」(infini actu)と名づけた。

それは閉鎖的であり静的な無限であるというべきであろう。

このような閉鎖的で静的な集合をまず想定してそのなかになんらかの相互関係を導入しようというのがヒルベルトの公理主義であったといえる。

そのように閉じた体系をフランスの若い数学者の集団であるブルバキは「構造」(Structure) と名づけたが、その名称はまことに適切なものであったといえよう。ブルバキは構造を主題とする現代数学を建築術にたとえたが、そのさい数学的構造は建築物にあたるだろう。

構造は建築物のように構成的であり静的である。建築物は木材、石材、……等の物質からできているのにたいして、数学的構造は概念でできている点が違うだけである。

未来への展望

構成的で静的な数学的構造が現代数学の主役であるとすると、そのようなものが永久に数学の主役であり続けるだろうか。そのような未来の問題については性急な断定を避けたほうが安全であろう。

さきにものべたように近代数学の主役は運動と変化であったが、そこには構造の考えは稀薄であった。それは閉鎖的ではなく開放的であった。いわば時間的であった。ニュートンは変量を時間の流れのなかでとらえ、微分係数を流率と名づけたほどである。

これにたいして現代数学では運動や変化は背景に退いて、閉鎖的で静的な概念の建造物ともいうべき構造が正面に出てきた。それは空間的であるといえよう。

このような性格をもった現代数学は万能でありうるだろうか。実在は空間的であるばかりではなく時間的でもあるとすると、それに対応する数学もやはり時間・空間的でなければならないだろう。そのような数学はいまのところ生まれてはいないが、未来の数学はそのようなものとなるかも知れない。

そのことにかんしてウィーナー（N. Wiener, 1894-1964）の遺したことばをとりあげてみよう。

「いずれにせよ、先ほどから私が言っている動的体系の研究は、生物学的な組織構造の問題と深い関係がある。それを私は理論的にも確信している。神経系における核酸の役割がはっきりしてきたので、今や新しい神経学が築かれようとしている。それは情報を長時間蓄えるには、おそらくその関連物質が関係しているにちがいないと考えるゆき方である。神経系というものを、静的な網目構造としてではなく、経験によって内部の構造が変わってゆくようなもっと生きいきとした網目構造として考えるようになるであろう。こうなると、これまでのいわゆる生物学の古くさい細胞の理解からは飛びだしてしまうことになる。というのは、神経細胞は誕生後細胞分裂で数がふえないからといって、これはひとつひとつの神経細胞がその後生長をしないということではないし、また神経細胞の再編成が起こらないということでもないと考えるからである。もちろん短い時間内に起こる現象では、神経の網目構造が、まだまだ重視されなければなるまい。任意の時間の網目構造のつながり方が、感覚、筋肉運動、反射の基礎であると考えるのである。とはいっても、神経の網目構造を、いつも固定した網状回路しかもっていない電子計算機と同じと考えるわけにはいかない。すでにできあがっている神経の網目構造をあつかう研究を、『ドライ』な神経生理学、核酸について究明を深めてゆく方向を、『ウエット』な神経生理学、このように、マサチューセッツ工科大学のフランシス・シュミット教授がよんでいるが、これからはこのような二つの研究の相互関係について考えてゆく必要があろう。」

以上は数学者のウィーナーが神経生理学の将来についてのべた一つの予見であるから、それを未来の数学と関連させて考える必要はないと一応はいえる。

しかし、数学が他の諸科学と深い関係をもちながら発展するものであるとしたら、神経生理学、広くいって生物学に無関係ではいられないだろう。もし数学が将来生命現象をも包括しうるようになるとしたら、そのときは建築物に似た静的な構造では不十分となり、ウィーナーのいう「動的体系」が数学の主役を演ずるようになるかも知れない。

それは開放的で動的であり、しかも構造をもつ生体をモデルとするものであろう。そのとき今日のように「ドライ」な数学ではなく、「ウエット」な数学が生まれてくるかも知れない。

現代数学の主役＝構造とはなにか

集　合

前章でのべたように構造（structure）ということばをはじめて数学のなかに持ちこんだのはフランスの数学者の集団ブルバキであったが、その考えはもっと古くヒルベルトの公理主義のなかにすでに成立していたといえよう。

もちろんこのような考えが突如として数学のなかに出現してきたわけではない。すでにのべたようにガウスの整数論からはじまって、その準備は一世紀にわたってつみ重ねられ、一八九九年のヒルベルト『幾何学基礎論』にいたってはじめて明確な形をとったということができよう。

そのような多くの準備作業のなかでもっとも重要なものはおそらくカントルの集合論であろう。

カントルは集合をつぎのように定義した。「集合とはわれわれの直観または思惟のよく区別された対象——これを集合の要素と名づける——を一つの全体にまとめたものである」

この定義は今日ではやや素朴にすぎるきらいがあるが、集合の大まかな概念を与えるのには十分であろう。

ここに直観の対象というだけなら、なんらかの物体の集まりにかぎられるだろうが、思惟の対象となると、物体にかぎられなくなる。たとえば一直線上の点の集合というものも考えられることになる。大きさのない点は見ることも触れることもできないので直観の対象とはなりえないが、思惟の対象にはなりうるからである。このように数学で考える集合の多くは直観の対象ではなく、思惟の対象であるといってよい。

カントルの集合は、きわめて広い意味をもっており、およそいかなるものの集合をも考えうるのであるが、ただ一つだけ必要な条件がある。それはカントルの定義にあるように「よく区別された対象」という条件である。すなわち、ある要素が一つの集合に属するか、属さないか、その区別がいかなるばあいにも明確に決定されていなければならないということである。

たとえば「関東地方」といえば七つの県をふくむ明確な一つの集合であるが「湘南

地方」というのは境目のところがはっきりしていないぼんやりとした概念である。集合は範囲のはっきりしたなにかの集まりでなければならない。議論していくうちにその範囲が広くなったり狭くなったりするものではなく、いちどその範囲をきめたら、いつまでも動かないものでなくてはならない。

つまり、集合とは開いた集まりではなく、閉じた集まりである。ある広間に集まった人間の集まりであっても出入口の戸を開いておいたばあいではなく、出入口を閉じておいたばあいの人間の集合である。「閉じた」集まりというのはそういう意味である。

集合の個数――濃度

カントルのなしとげた画期的な業績は有限個の集合の個数という概念を無限個の集合に拡張したことであった。

有限個の集合では個数という概念はどのようなものであるか。まずそのことをふりかえってみよう。われわれは1、2、3、4、……という数のことばを知っているためにかえって個数の本質にせまることを妨げられているきらいがある。そこで1、2、3、4、……という数詞を利用しないで個数の概念を確立してみることにしよう。

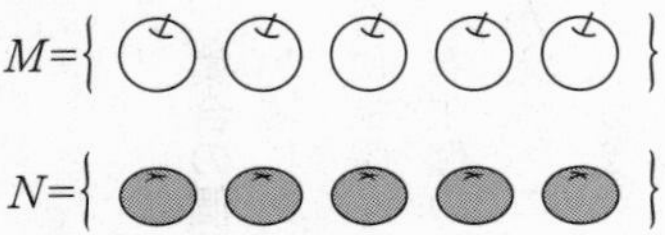

図a

図aのような二つの集合M、Nがあるものとする。Mはリンゴの集合、Nはミカンの集合である。「5」という数のことばなしで、この二つの集合が同じ個数であることを確かめるには、どうすればよいか。

そのためにはいうまでもなく、二つの集合から要素を一つずつえらびだしてきて、組をつくっていって、両方が同時になくなったら同じ個数をもつと判定することができるわけである。

このように二つの集合から一つずつとりだして組をつくることを1対1対応という。

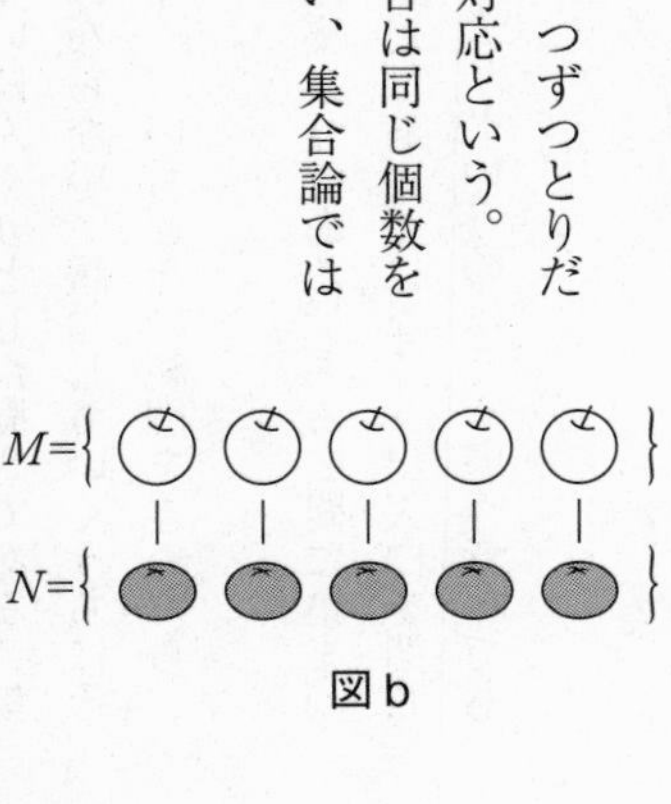

図b

つまり過不足なく1対1対応のできる二つの集合は同じ個数をもつとみなしてよいわけである。このようなばあい、集合論では二つの集合M、Nは同値であるといい、

$$M \sim N$$

とかく。

同値の関係～は次の三つの条件を満足する。

(1)　反射律　$M \sim M$

つまり任意の集合は自分自身と同値である。これはMの任意の要素を自分自身と対応させるような1対1対応を考えればよいからである。

(2)　対称律　$M \sim N$ ならば$N \sim M$

1対1対応の性格から、MとNの役割をかえてもやはり1対1対応になっているからである。

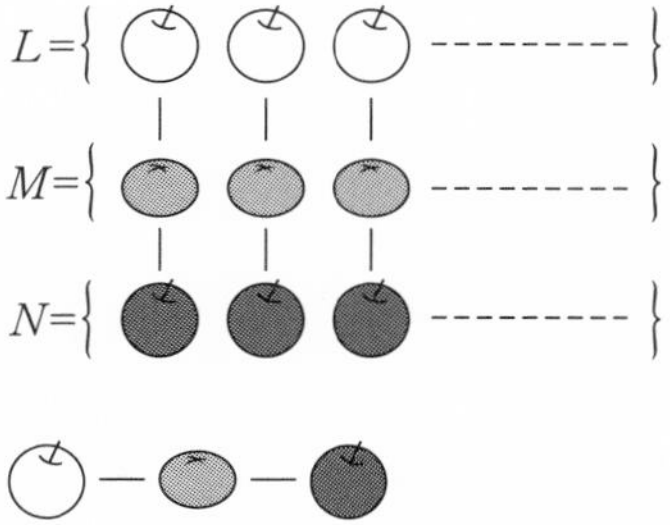

図c

(3)　推移律　$L \sim M$ であり、かつ$M \sim N$ であるなら、$L \sim N$ となる。

上（図c）の対応はMを中継とするLとNのあいだの1対1対応になっているから、LとNのあいだにはそのような1対1対応が成り立つ。だから

$$L \sim N$$

以上のことを考えると、〜は＝と同じような性質をもっている。

つまり、1、2、3、……という名称は同値な集合に与えられた共通の名称である。

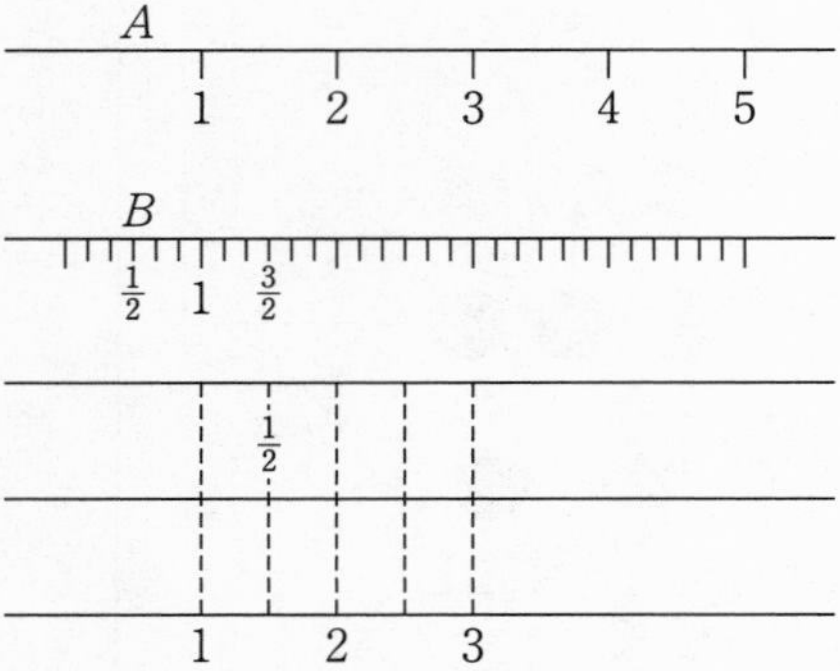

図d

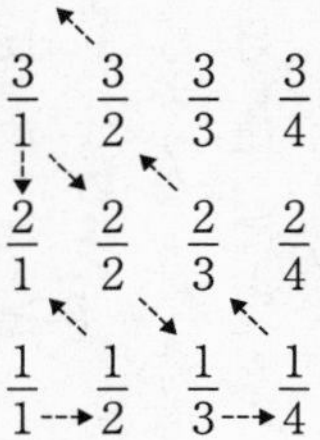

図e

カントルは以上の論法を無限集合におしひろげたのである。

たとえば、無限集合の例としてもっともなれ親しんでいる自然数の集合

$$A=\{1, 2, 3, 4\cdots\cdots\}$$

と分数全体の集合Bをとってみよう。

$$B=\left\{\frac{1}{2}, \frac{1}{3}, \frac{2}{3}, \cdots\cdots\right\}$$

分数は数直線上にならべると、いたるところ密にならんでいるので、1の間隔をへだてならんでいるAよりはるかに多いようにみえる。

しかし、1対1対応のやり方をうまく工夫すると、AとBのあいだには過不足なく1対1対応がつけられるのである。

それは、Bを図eのように平面上に並べて、

点線の順に1、2、3、……と対応をつけるのである。ただし、$\frac{2}{2}$は1であり、前に$\frac{1}{1}$がでているので、これはとばして、つぎにいく。

このようにして、1対1対応がつけられるのであるからAとBは同値となることがわかる。

この結果は意外な感じを与えるであろうが、それはA、Bの1対1対応をつけるにあたって、大小の順序を無視したからである。

一般に自然数の集合と同値である集合を可算無限であるという。すなわち正の分数全体の集合は可算無限なのである。

それではすべての無限集合は可算無限なのであろうか。

その疑問にたいしてもカントルは否定的に答えた。彼は一直線上の点の集合が可算でないことを説明したのである。

このことは当時の数学にとって全くショッキングな発見であった。それは有限の集合と同じく無限集合にも大きい無限と小さい無限があることがはじめて示されたからである。それは従来のように無限を「限りがない」という否定的な考え方からはとうてい考えられないことであった。

集合と構造

カントルの1対1対応はどのような意味をもっているだろうか。たとえば図fのような系統図をもつ二つの家族があるとしよう。

この二つの家族をよくみると、一方は夫婦に二男一女であり、他は祖父と夫婦に一男一女である。だから家族の構成は明らかに違っている。しかし、A、Bのあいだに1対1対応をつけることはできる。たとえばつぎのような対応をつければよい。

太郎↕健
花子↕和夫
武　↕秋子
茂　↕秀夫
春子↕道子

ところが、このような1対1対応は、Aの夫婦と、Bの父子が対応しているほか、対応する要素どうしの関係はまるで無視されてしまっている。すなわちそのような1対1対応はA、Bの内部構造を無視しておこなわれているのである。

そのような1対1対応がつけられるとき、AとBは同値であって、双方とも5人家族であることがわかるのである。

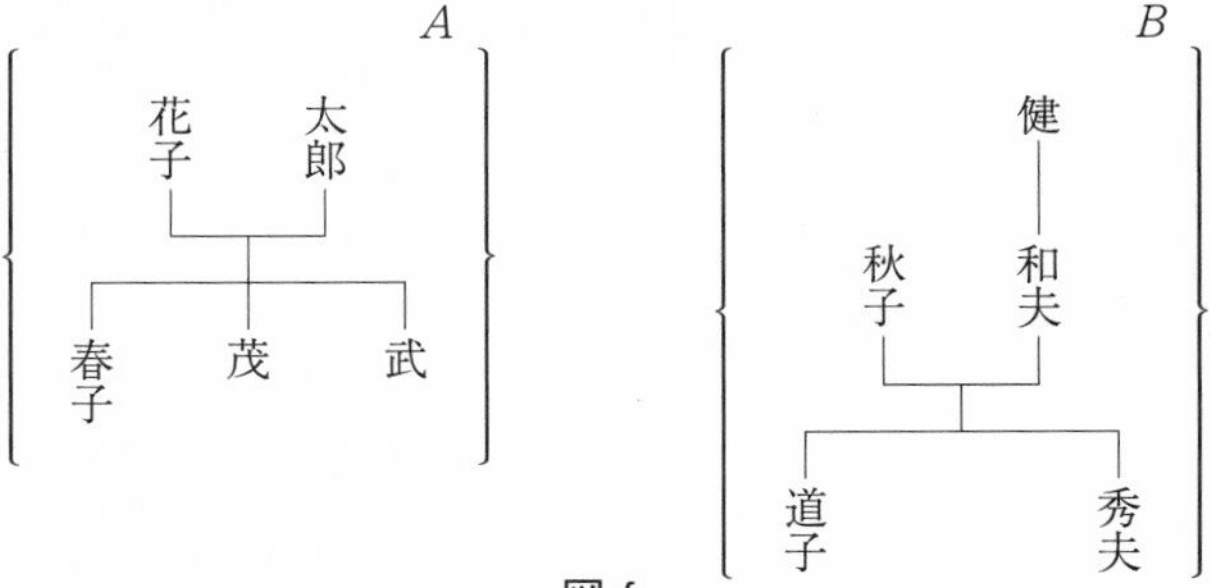

図 f

したがって「5人家族」というときは、その家族構成はまったく無視されているわけである。

このことは無限集合のばあいも同じである。

自然数の集合と分数の集合が同値でありうるのは、各々の集合の内部構造を無視した1対1対応によってそうなるのである。

だからカントルの集合は要素のあいだの相互関係を無視した集まりだといってよい。

これにたいして要素のあいだになんらかの相互関係の存在するような集合を構造（structure）という。たとえば6人の走者がスタートラインにならんでいる状態を想像してみよう。このとき6人の走者のあいだにはまだなんの相互関係もついていないから、それは6人の人間の集合にすぎない。

しかしこれらの走者が走り終わったときは、1着、2着、……という順序がつけられたのであるから、相互関係が現われ、それはもはや構造となる。

つまり構造は集合になんらかの相互関係をつけ加えたものである。

象徴的にかくと、つぎのようになるだろう。

構造＝集合＋相互関係

また集合は要素のあいだになんらかの相互関係があっても、それを無視、もしくは捨象してできた概念であるから

集合＝構造－相互関係

このような構造の考えをはじめて明瞭にうちだしたのは前にものべたようにブルバキであった。ブルバキは構造こそ現代数学の主役であるとみなしたのである。

しかし構造を以上のように広い意味に解釈すると、あまりに広すぎて数学という学問の手に負えなくなってくる。そこである種の条件をもうけてその範囲を狭める必要が起こってくる。ブルバキは現代数学における研究対象となる構造をつぎの三つに大別した。

(1)　順序の構造
(2)　代数的構造
(3)　位相的構造

もちろんこのような分類は大まかなものであって境目のところは明確ではないし、また、一つでいくつかを兼ねているものもある。

たとえば実数の集合は、要素のあいだに大小という順序がつけられている点では、順序の構造であるし、また要素のあいだに加減乗除のような代数的演算が定義されている点では、代数的構造であるし、2点間の距離によって遠近が判別できるという点では位相的構造でもある。つまり実数は三重の構造になっているともいえる。

順序の構造

たとえば前にのべたように、a、b、c、d、e、f、という6人の走者が走り終わって、1着、2着、……が定まって、つぎのような順序になったとしよう。

$$b, d, e, a, c, f$$

これをつぎのような記号で表わすことにしよう。

$$b \leqq d \leqq e \leqq a \leqq c \leqq f$$

このように順序のついた要素の集まりを順序の構造という。そのようなものの代表的な例はいうまでもなく自然数の集合である。

$$1 \leqq 2 \leqq 3 \leqq \cdots\cdots$$

しかし、ここでいう順序とは数の大小にかぎられているわけではなく、もっと広い意味をもっている。

たとえば「aはbの子孫である」という関係を

$$aRb$$

でかくことにするとこのようなRはつぎのような条件を満足する。

$$aRb,\ \text{であって},\ bRc$$

ならば

$$aRc$$

となる。普通のことばでいうと、

「aはbの子孫である」

そして、また

「bはcの子孫である」

ならば

「aはcの子孫である」

が成り立つからである。この条件を推移律といい、推移律を満足する関係を推移的であるという。

たとえば、自然数a、bにたいして

「aはbを整除する」

という関係を

$$a/b$$

という式で表わすことにすると、

$$a/b$$

であって、また

$$b/c$$

ならば、

$$a/c$$

となるから、この関係は推移的である。

このように推移的な関係Rが定義されていて、しかも

$$aRb \text{ であって } bRa \text{ である}$$

ときはいつでも$a=b$となるとき、このようなRを$\leqq$で表わすことにしよう。

このような$\leqq$の定義されている集合を半順序系という。「半」というのは任意の二つの要素のあいだには$\leqq$の関係が定義されているとはかぎらないからである。

たとえば≦を整除の関係であるとすると、

$2 \leqq 3$

にもならないし、また

$3 \leqq 2$

にもならないからである。

図式

半順序系で $a \leqq b$ であるとき、aを下に、bを上にかき、そのあいだを棒でつなぐことにすると、系統樹のようなものができる。

たとえば、6の約数の集合 $\{1, 2, 3, 6\}$ に整除の関係を入れた半順序系を図式で表わすと、つぎのようになる。

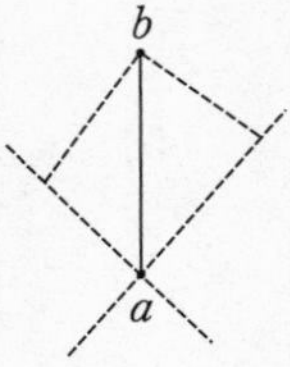

図g

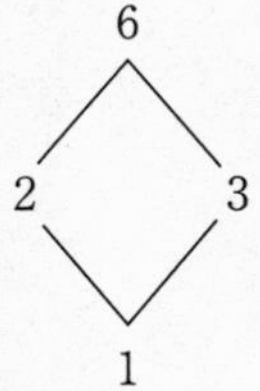

図h

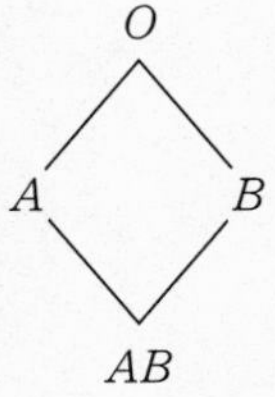

図i

推移的であるから、

1/2, 2/6 から

1/6 は必然的にでてくるから1と6は棒で結んでおかなくてもわかる。またたとえば四つの血液型をあげると、

{O, A, B, AB}

となるが、ここで

「x型から y型へ輸血できる」

という関係を

$y \leqq x$

で表わすと、図・i（前頁）のような図式ができる。

このような半順序系は順序の構造であるといえる。

半順序系のなかには任意の二つの要素 a、bをとってきたとき、

$x \leqq a$

と

$x \leqq b$

が同時に成り立つ xの集合のなかには常に

が成り立つようなただ一つの c が存在するばあいがある。そのような c を a、b の交わりといい $a \cap b$ で表わすことにする。

整除という関係では、二つの数 a、b の公約数のなかには、最大公約数が存在するが、すべての公約数は最大公約数の約数であるから、交わりが最大公約数に当たる。

実数の大小の順序では、a、b のうち小さい方が $a \cap b$ に当たる。

上の定義で $\leqq$ の順序を逆転して、

$$a \leqq x,\ b \leqq x$$

が同時に成り立つ x のなかに

$$d \leqq x$$

なる唯一つの d が存在するとき、これを a、b の結びといい、$a \cup b$ で表わす。

整除の関係では、$a \cup b$ は a と b との最小公倍数に当たる。

任意の二つの要素 a、b にたいして $a \cap b$ と $a \cup b$ が存在するような半順序系を束(Lattice)という。

定義から、

$$a \cap a = a,\ a \cup a = a$$

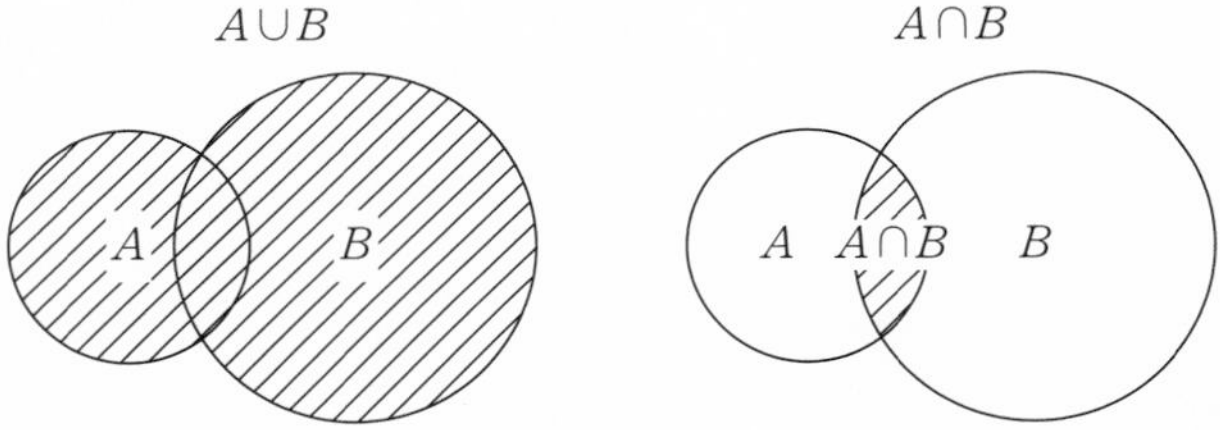

図 j

が成り立つことはすぐわかる。
また、a、bの順序を変えても変わらない。

$$a\cap b=b\cap a$$
$$a\cup b=b\cup a$$

また

$$(a\cap b)\cap c=a\cap(b\cap c)$$
$$(a\cup b)\cup c=a\cup(b\cup c)$$

が成り立つ。
また

$$a\leqq c$$

のとき

$$a\cap c=a,\ a\cup c=c$$

であるから

$$a\cup(a\cap c)=a$$
$$a\cap(a\cup c)=a$$

も成り立つことがわかる。

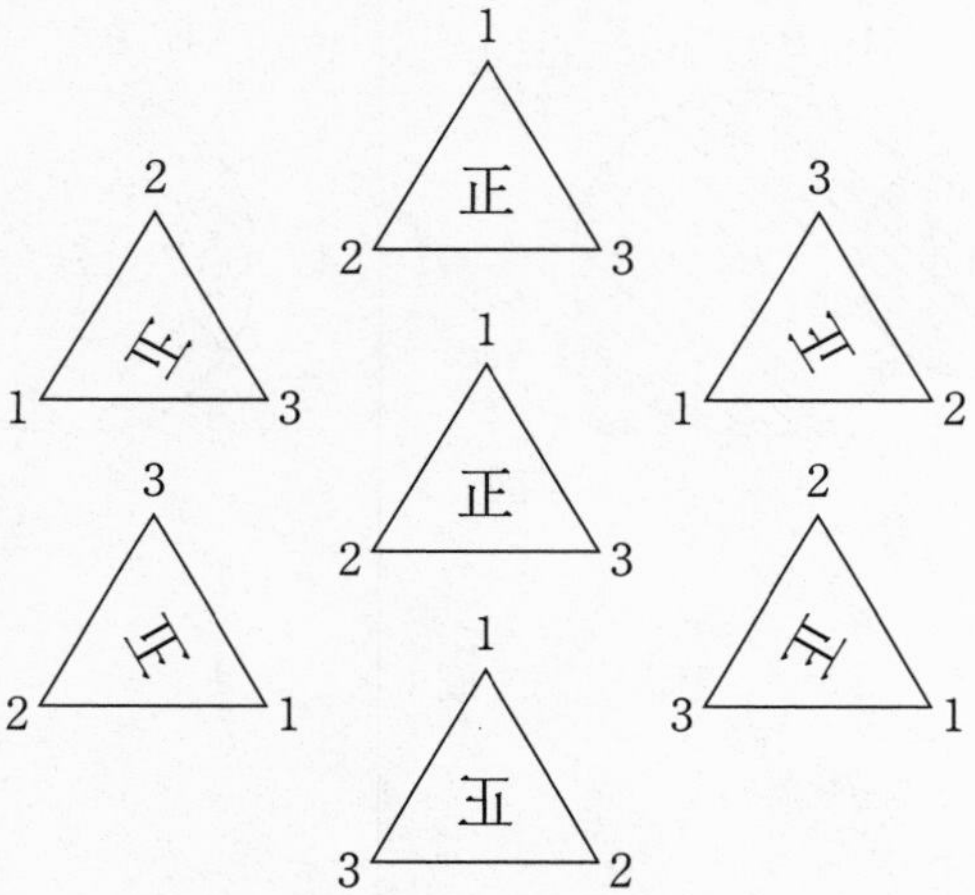

図k

A、BがMの部分集合であるとき、$A \cap B$は共通集合になるし、$A \cup B$は合併集合になる。

代数的構造

自然数の集合

$$A = \{1, 2, 3, 4 \cdots\cdots\}$$

に$a+b=c$という加法の演算を考えてみよう。

これを

$$a+b=f(a,b)=c$$

という2変数の関係と考えることができる。つまりa、bという2つの要素からある一定の方法でAのなかのある要素がつくりだされたものと考えるのである。

さらに乗法を考えると、これも a、b という2つの要素から、ab という第3の要素がつくりだされることになる。

このとき、a と b を結合して $a+b$ もしくは ab がつくりだされたという。$a+b$ もしくは ab を a と b との結合であるという。このように結合の定義された集合を代数系という。それらを代数的構造ともいう。

群

代数的構造のなかの代表的なものは群であろう。

正三角形があり、その頂点を1、2、3とするこの正三角形を自分自身のうえに重ね合わせて操作を考えよう。（前頁図k参照）これは全部で3!＝6だけある。

この操作をつぎのような記号で表わす。

$$\begin{pmatrix}1&2&3\\1&2&3\end{pmatrix},\begin{pmatrix}1&2&3\\2&3&1\end{pmatrix},\begin{pmatrix}1&2&3\\3&1&2\end{pmatrix},\begin{pmatrix}1&2&3\\1&3&2\end{pmatrix},\begin{pmatrix}1&2&3\\3&2&1\end{pmatrix},\begin{pmatrix}1&2&3\\2&1&3\end{pmatrix},$$

これは上の数字を下の数字でおきかえる操作を表わす。これらのおきかえの操作を、

$$a_0,\ a_1,\ a_2,\ a_3,\ a_4,\ a_5$$

で表わす。

この操作の集合を $G=\{a_0, a_1, a_2, a_3, a_4, a_5\}$ とする。
このとき、二つの操作 a、bをひきつづいてほどこすことを ab で表わすことにすると、たとえば

$$a_2 a_4 = \begin{pmatrix}1&2&3\\3&1&2\end{pmatrix}\begin{pmatrix}1&2&3\\3&2&1\end{pmatrix} = \begin{pmatrix}1&2&3\\1&3&2\end{pmatrix} = a_3$$

このような6つのおきかえの操作どうしの結合を表にすると上のようになる。

ここで操作の連結によって、第三の操作がつくりだされるから、ここで一つの結合が定義されていることになる。つまりそのような意味で一つの代数的構造である。

このような代数的構造はどのような性質をもっているだろうか。

	a_0	a_1	a_2	a_3	a_4	a_5
a_0	a_0	a_1	a_2	a_3	a_4	a_5
a_1	a_1	a_2	a_0	a_4	a_5	a_3
a_2	a_2	a_0	a_1	a_5	a_3	a_4
a_3	a_3	a_5	a_4	a_0	a_2	a_1
a_4	a_4	a_3	a_5	a_1	a_0	a_2
a_5	a_5	a_4	a_3	a_2	a_1	a_0

(1)　$a_0a_1 = a_1,\ a_0a_2 = a_2,$ ……

$a_1a_0 = a_1,\ a_2a_0 = a_2,$ ……

つまり、a_0 は他の要素と結合しても、その要素は変わらない。このような a_0 を単位

元という。つまりGのなかには単位元がある。

(2)　任意の要素aにたいして

$$ab = ba = a_0 = \text{単位元}$$

となるようなbが存在する。そのようなbをaの逆元といいa^{-1}で表わす。

$$a_0^{-1} = a_0$$
$$a_1^{-1} = a_1$$
$$a_2^{-1} = a_2$$
$$a_3^{-1} = a_3$$
$$a_4^{-1} = a_4$$
$$a_5^{-1} = a_5$$

つまり任意の要素にたいして逆元がある。操作としては逆の操作になっている。

(3)　任意のa、b、cにたいして、つぎのような結合法則が成り立つ。

$$(ab)\ c = a\ (bc)$$

このような条件を満足する結合の定義された集合を**群**と名づける。

群の一般的定義はつぎのようなものである。

有限もしくは無限の集合　$G = \{a, b, c, \cdots\cdots\}$

には結合 ab が定義されている。

(1)　G のなかには単位元が存在する。

(2)　任意の要素にたいしては逆元が存在する。

(3)　結合法則が成り立つ。

このような群はもちろん無数にあり、ある構造の対称性を研究するには強力な武器となる。

代数学、幾何学、原子物理学における対称性を探究するのに群が利用される。

環

つぎの条件を満足する加法と乗法と名づける二つの結合の定義されている構造を環という。

任意の a、b にたいして

(1)　$a+b=b+a$

(2)　$(a+b)+c=a+(b+c)$

(3)　$a+0=0+a=a$ となる 0 が存在する。

(4)　$a+(-a)=(-a)+a$ なる $-a$ が存在する。

加法

	0	e
0	0	e
e	e	0

乗法

	0	e
0	0	0
e	0	e

(5)　$(ab)c=a(bc)$

(6)　$a(b+c)=ab+ac$

　　$(b+c)a=ba+ca$

たとえば正負および0の整数の集合

$$Z=\{\cdots\cdots, -2, -1, 0, +1, +2, \cdots\cdots\}$$

にたいして＋と×が定義されているが、これは一つの環である。

また、ある環Rを係数としxを未定文字とするすべての多項式全体

$$a_0+a_1x+a_2x^2+\cdots\cdots+a_nx^n$$

の集合は環をなしている。このような環を多項式環という。

体

環で0以外のすべての要素aが乗法の逆元a^{-1}を有するとき、

$$aa^{-1}=a^{-1}a=\text{乗法の単位元}$$

これを**体**と名づける。

たとえば正負の有理数と0の集合は体である。

またすべて実数の集合は加乗とその逆の演算である減法と除法にたいして体をなしている。

すべての複素数の集合もやはり加減乗除（0による除法はのぞく）にたいして体をなす。

体には有限個の要素をもつものがある。たとえばつぎのように0と e だけからできているものもある。

この体は2個だけの要素から成り立っている。このような体を有限体という。一般に素数の累乗 P^n の個数をもつ有限体が存在することが知られている。

束

前にのべたように半順序系で $a \cap b$ と $a \cup b$ の存在するばあいには束と名づける。これは二つの要素の結合と考えると、代数的構造とも考えることができる。

このような束のなかで、ある集合 M の二つの部分集合 A、B のあいだに共通集合を $A \cap B$ とし、合併集合を $A \cup B$ とする。

このとき、とくに、つぎのような分配法則が成り立つ。

$$A \cap (B \cup C) = (A \cap B) \cup (A \cap C)$$

同じく∩と∪を入れかえて

$$A\cup(B\cap C)=(A\cup B)\cap(A\cup C)$$

が成り立つ。

そしてAの補集合Aがつねに存在する。

$$A\cap\bar{A}=\phi\quad（空集合）$$

$$A\cup\bar{A}=M$$

このような束をブール代数という。

ブール代数の例としては記号論理がある。二つの命題A、Bの連言を$A\wedge B$（A and B）選言を$A\vee B$（A or B）とすると、これはブール代数の条件を満足する。Aの否定$\bar{A}$は補集合に相当する。

位相的構造

なんらかの意味で遠近の概念の定義されている集合を位相的構造という。

たとえば三次元のユークリッド空間では2点a、bのあいだの距離$d(a, b)$が定義されており、この距離が遠近を見分ける手がかりとなる。

この$d(a, b)$はつぎのような条件を満足する。

(1)　$d(a,b) \geqq 0$

(2)　$d(b,a)=0$ また $d(a,b)=0$ のとき $a=b$ となる。

(3)　$d(a,b)=d(b,a)$

(4)　$d(a,c) \leqq d(a,b)+d(b,c)$

集合Mの任意の二要素a、bにたいして、右の条件を満足する$d\ (a,\ b)$が定義されているとき、Mを距離、空間という。

たとえば平面上の円の集合Mで、二つの円a、bの距離を図1のような斜線の面積とする。

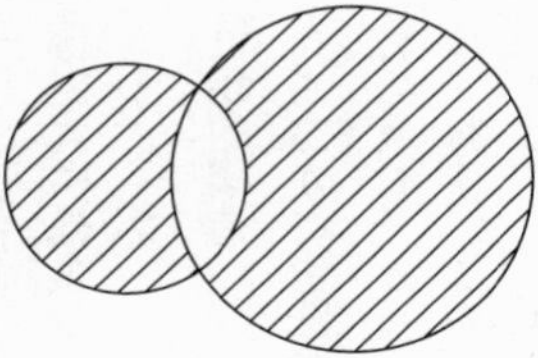

図1

このとき、一つの距離空間が得られる。

しかし、距離というものではなく、別の手段によって遠近が定義されていることもある。

これはMの近傍と名づけられる部分集合が指定されて、それによって遠近の定義されていることもある。このような空間を近傍空間という。

このような空間を位相空間ともいう。また、そのような構造を位相的構造という。

構造と将来の数学

現代数学の中心課題は構造であるが、それは将来までそうであろうか。

ブルバキのいう順序の構造、代数的構造、位相的構造が今日の数学における三つの主要な柱であることは事実である。しかし、そのようなことが永久に続くとは考えられない。

ブルバキは構造を概念の建築物にたとえたが、それはたしかに建築物のように静的で閉じた体系であり、いわば空間的なものである。

したがってそれは時間的変化を包含することはむずかしい。もし数学が時間的に変化する構造を取りあつかう必要がおこってきたら、さらに新しい型の体系をその研究課題として設定しなければならなくなるだろう。

したがって、三つの構造を数学の永遠の研究課題と考えるべきではあるまい。

構想力の解放

現代数学のもたらした大きな功績は、数学という学問の地平線をこれまでとは比較にならないくらいの大きさにまで拡大したことであろう。これまでは、数学という学問の縄張りのなかにはとても入れてもらえないような分野が数学のなかにはいってきた。そのわけを一言でいうと、人間の構想力を思い切って解放したからだといえよう。

人間が構想力を駆使して新しいものをつくりだすということはいったいどういうことだろうか。たとえば近ごろめざましい進歩をとげて、これまでになかった新しい物質をつぎつぎにつくりだしてくれた有機合成化学のやり方をみても、それは「無からの創造」をやっているわけではない。これまでにあった物質をもとにしてその組み変えをやっているにすぎないのである。その点では主婦が料理をつくるのと別に変わったところはない。たとえばコロッケをつくるのには、まずジャガイモや肉をすりつぶして、それを団子にして油で揚げる。ここには分解と再構成、もしくは分析と総合の過程が典型的にでている。

鉄筋コンクリートの建物を建てるのも同じことである。まず石灰岩をうちくだいてセメントの粉にし、そのセメントの粉を再結合してある形の建物をつくるのであるから、ここにも分解と再構成の過程が進行する。

もちろん同じ分解と再構成とはいっても、その程度は千差万別である。たとえば子どもが積木の家をこわして、同じ積木で船をつくったとすれば、それも分解と再構成に他ならないが、化合物を分解して合成する化学者のそれとは雲泥の差がある。積木は大きくて分解も再構成も自由にできるが、化学者の仕事は原子という極微の世界までおりていかねばならないし、分解と再構成も積木ほど容易にはできない。

芸術家の仕事でも、やはり分解と再構成という手続きが大きな役割を演ずる。複雑な音をいちど単純なド、レ、ミ、ファという音に分解して、それを自分自身の構想力によって再構成するのが作曲という仕事であろう。compose という英語は「構成する」という意味と、「作曲する」という意味とをもっているが、本来は同じことなのである。

絵かきの仕事もおそらくそうであろう。ただ自然主義的な絵では、できるだけありのままに描くという意味もあろうが、しかし写真とは違って、やはり分解と再構成がなんらかの程度にはおこなわれるにちがいない。それがアブストラクトになると分解と再構成の方法が大胆かつ意識的に駆使され、その結果写真とは似ても似つかない絵が生まれてくる。

抽象絵画の理論づけをしたカンディンスキーは「点、線、面」のなかで分解と再構成という考えを強く打ちだしている。幾何学では分解を究極まで押しすすめて点に到達し、その点を再構成して複雑な図形に進んでいく。カンディンスキーも、幾何学とは異なった意味ではあるが、やはり点から語りはじめている。もちろん、図形を点にまで分解するのは、分解そのものが目的なのではなく、再構成の自由をいっそう多く獲得するためである。換言すれば構想力にできるだけ大きな自由度をあたえるためであるといえる。

同じような考えから出発しているのが映画のモンタージュ理論であろう。その創始者エイゼンシュテインは、『映画の弁証法』のなかで「モンタージュ的思考は分化的に感覚することの頂点であり、『有機的な』世界を解体することの頂点であって――数学的にまちがいなく計算をなしとげる道具・機械といったものの形をとって新たに実現されている」とかいっている。

これらは数少ない実例にすぎないが、分解と再構成、分析と総合という操作を意識的に駆使する抽象芸術と同じ方向をとっているのが、現代数学のおもな特徴であるといえよう。それらはともに描写的であるより、構成的である。

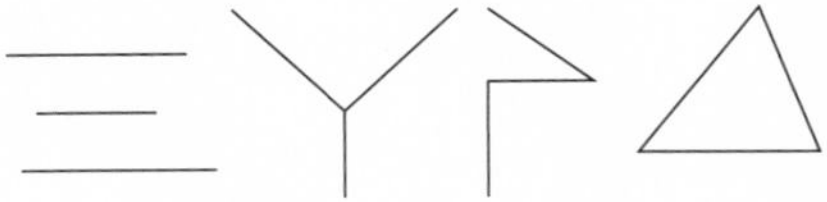

構造

もちろん数学は芸術ではない、だからいくら類似点をもっているとはいっても抽象芸術とまったく同一ではない。芸術であるからには、いくら抽象的であるとはいっても感性をはなれては成立しないが、数学は感性からはなれて論理だけで成立できる。たとえば△ABC というとき、その三角形がどのような色彩をもっているか、どんな重さをもっているか、ということは問題にしていない。そういう意味では感性から独立して考えることができる。まず△ABC を考えるときには、それが三つの線分からできていることが考えられるだろう。そのつぎには三つの線分がおたがいにどのように結びつき組み合わされるかに注目されるだろう。

同じ三本の線分でも結びつき方は無数にありうる。

ばらばらに散在していることもあり、放射線状につながっていること

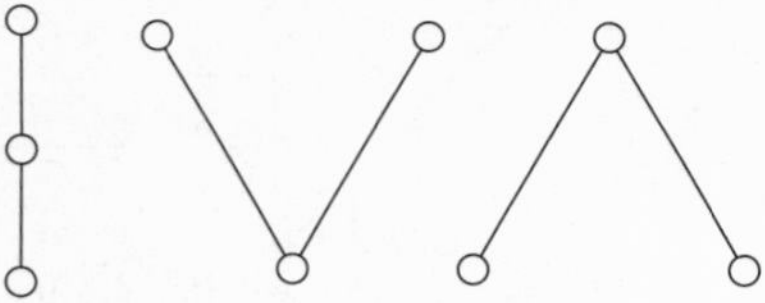

も、折れ線の形になっていることも、また閉じた三角形をなしていることもあろう。つまり三つの線分という素材は同じであっても、その結びつき方、もしくは構造化のしかたは無数にある。そのなかで三角形は特別な構造を意味している。

この例からもわかるように、三角形というごく単純なものでもつぎのような二つの側面をもっている。

(1)　なにからできているか。

(2)　それらはいかに結びついているか。

もう一つ図形以外の例をあげてみよう。

たとえばある3人家族があるとしよう。その家族を考えるときも、同じような順序で考えられるだろう。

(1)　なにからできているか。つまりどのような人間からできているか。

(2)　それらはいかに結びついているか。つまり続柄はどうなっているか。

以上のように(1)を考えるときは(2)はひとまず棚上げしておくであろう。3人家族のばあいもその家族と親しくない赤の他人には、その家族が3人であることはわかるが、そのあいだの相互関係、つまり続柄はわからないであろう。

つぎの(2)を考える段になると、家族構成のタイプは多種多様にありうるし、それを系統樹で表わしても、非常に多いことがわかるだろう。

つまり、3人家族の3というときの3は同じでも家族構成の型は数多くある。このさい家族の続柄を考えにいれた全体を「構造」とよぶことにする。ここでいう構造とはなんらかの相互関係をもつなにかのものの集合である。

集合＋相互関係＝構造

構造と発生

構造はピアジェによると思考心理学と深いつながりをもっている。というより思考のメカニズムはある構造に依存しておこなわれるのである。

がんらい構造そのものは時間的変化をふくまないものであるが、それでは思考の発達を究明しようとする発達心理学とはどのように関係するであろうか。ピアジェはそれについてつぎのようにいう。

「すべての発生がある構造から出発してほかの構造に達する。」

もともと構造の概念は時間的変化から独立したものであり、そのかぎりにおいて空間的なものであり、発生という時間的変化の概念とは別種のものであるが、ピアジェはこの二つの概念を結びつけ、それを融合して、いわば空間・時間的な概念をつくりだしたのである。

ピアジェによると、ラマルクの発生論は「構造なき発生主義」であり、ゲシュタルト理論は「発生なき構造主義」であるという。ピアジェはこの二つの極端を総合して、一つの構造から他の構造へ、均衡をめざして発達するのが精神発達の基本原則であると主張するのである。これはウィーナーの「動的体系」と著しく接近したものであろう。

集合論

このように構造を考えていくには、その準備として相互関係のないバラバラのものの集まりをまず考えておく必要がある。このような段階に当たるのが集合論である。つまり集合論は要素間の相互関係を捨象して、それらをたがいに無関係な原子の集まりとみる立場である。それは分析の方向を徹底的に押しすすめたものであり、その意味では原子論的である。

歴史的にいってカントルの集合論は一八七〇年代に現われたのであって、それは現代数学の発端となったヒルベルトの『幾何学基礎論』より二〇年以上早く出現している。がんらいあらゆる発見は、偉大であればあるほど、あとからみると、当たり前のように見えてくるものである。集合論もそのような発見の一つであったといえよう。

　集合論の創始者カントルはそのような大きな革命をもたらした人にふさわしい波瀾にみちた一生を送った。

　集合論が数学のなかで市民権を獲得するまで、カントルは多くの論敵とはげしい理論闘争をおこなわねばならなかった。そのなかの最大の敵はクロネッカー（一八二三―一八九一）であった。

　クロネッカーはもともと無限というものをみとめない「有限主義」（finitism）というべき立場に立っていた人であった。クロネッカーはクンメル（一八一〇―一八九三）やデデキント（一八三一―一九一六）とともに、今日の代数的整数論の基礎をきずいた人であるが、彼の仕事にはそのような立場が色濃くにじみ出ている。たとえば、デデキントがイデアールと呼んだものもクロネッカーにあっては整数の組であった。究極的には一致するが、考えの方向はたいへん違っている。デデキントのイデアールは考えのうえでは単純であるが、計算にはクロネッカーの方法に頼らねばならないことが多い。

　このように徹底した有限主義の立場に立つクロネッカーが無限というものがいくら

でも大きくなりうるという可能性の無限ではなく、現実に存在するという「実無限」を主張するカントルに反対したのは当然であったし、辛らつな論難を加えたのである。

バートランド・ラッセル（一八七二―一九七〇）はカントルについてつぎのようにのべている。

「ワイエルシュトラスとデデキントの二人よりも重要だったのはゲオルク・カントルであった。彼はそのおどろくべき天才をしめした画期的な仕事において、無限数の理論を展開した。この仕事は非常に難解で、長いあいだ私には十分にわからなかった。そこで一語一語ノートに写しとった。このようにゆっくりした進み方が、カントルの仕事をいっそう理解しやすくすることがわかったからである。そうしながら私は、彼の仕事にたいして、誤りはあるがすぐれた主張をもっていると思った。だが、終わってみると、誤りは私の方にあって彼の方にはないことがわかった。カントルはきわめて異常な人間で、数学での画期的な仕事をしていないときには、ベーコンがシェークスピアを書いたことを証明する本を書いていた。彼はこれらの本のうちの一冊のカヴァーに『私は貴兄の標語がカントあるいはカントルであることを知っている』と書きこんで、送ってよこした。カントは彼にとって化け物だった。私によこしたある手紙で、彼はカントのことを、『あそこに数学を知らない詭弁家的俗物がいる』と記した。

彼は非常に喧嘩好きの男で、フランスの数学者アンリ・ポアンカレと大論争している最中、『僕は負けないぞ』と書いてきたが、実際そのとおりになった。かえすがえすも残念なことに、私は彼に会わないで終わった。ちょうど彼に会ったはずのときに、彼の息子が病気になって、彼はドイツに帰らねばならなかった。」

カントルがはじめて無限の理論を発表したとき、学界の各方面からはげしい抵抗を受けたが、今からみるとそれは当たり前であったと思える。

自然数全体は無限の数からできているし、また直線を点に分割すると無限の点になる。そのほか数学では至るところ無限にぶつかる。だから無限についての本格的な理論は当然出現すべきものであった。その当然のことをカントルは実行したのであるが、彼はそのために大きな犠牲をはらわねばならなかった。

カントルは学界の異端者のような存在であったし、したがって論争の相手は多かったが、友人は少なかったようである。デデキントはその少ない友人の一人として彼の理解者であり、支持者であった。それでも無限にたいする把握のしかたにはいくらかのちがいがあったようである。F・ベルンシュタインはつぎのようなエピソードを伝えている。

「集合の概念について、デデキントはつぎのようにいった。集合というものは、完全

に規定されているものを入れている閉じた袋のようなもので、そのなかにはいってい
るものをみることはできないし、存在していて規定されていることのほかはなに一つ
知ることができない、というのである。そしてしばらくしてからカントルは集合につ
いての自分の意見を明らかにした。彼は巨軀をまっすぐにして立ちあがり、大げさな
身ぶりで手をあげ、定かならぬ方角に目をやりながら、いった。私は集合とは底なし
の深淵だと思っています。」

こう考えてみるとデデキントには、集合と集合とを組み合わせて新しい集合をつく
りだしていく、という積極的な態度はみられないようである。つまり彼にとっては集
合は「閉じた袋」であるという比喩はふさわしいものであったろう。これにたいして
カントルは積極的に新しい無限集合をつぎつぎとつくりだしていくことに興味をもっ
ていたようである。そのような意味でカントルは「底なしの深淵」といったのであろ
う。

Ⅳ　科学を学んでいくために

科学への道——女性に与う三つの原則——

科学の本質は平凡さのなかにある

漱石の『三四郎』のなかに、地下の実験室で光の圧力を研究している学者がでてくる。科学者という種族はなんと世間ばなれしたことを研究しているのだろう、というのが大多数の読者の感想であろうと思う。今から五〇年ぐらいむかし、この小説の書かれたころには、科学はそのように見られていたといえる。それは雲の上で仙人が物好きにやっているお道楽のようなものと考えられていた。なかば好奇心をもって、なかば軽蔑をもって……。

しかし、それから五〇年たったいま、科学にたいする世間一般の見方は大きく変わってしまった。今日ではもう科学を軽蔑の眼で見ることはできなくなっている。たとえば一発の原子爆弾は数十万人の生命を一瞬のあいだに破壊してしまったし、また、これまではまったくの謎でしかなかった月の裏側をみることができるようになった。こういうショッキングな事件を目撃してしまった今日では、もはや軽蔑の眼で科学をながめる人は少ないだろう。科学にたいする好奇心は尊敬に変わり、軽蔑は畏《い》怖《ふ》に変わった。

ある人が猫の児だと思って育てていたところが、大きくなるにつれてそれが虎の児だとわかって、あわてて山に捨てに行ったという話を聞いたことがある。科学もそれと似たものになってきた。それは人間全体を嚙み殺す猛獣にまで成長してしまったのである。米ソ両国その他が貯蔵している核爆弾は全人類を皆殺しにしてもなお余りあるほどの量に達しているといわれている。

そのようなものを創りだした科学はいったいなんだろうか。

毎日のように新聞の紙面をにぎわしている科学記事を読んでいるうちに、科学というものがなにか魔術めいたものに思えてくるのではあるまいか。

しかし科学は決して魔術でもなければ、手品でもない。どのように難解で深遠な科学の理論でも、ある程度の忍耐力をもって努力するなら、誰にでも理解できるようになっている。そこには秘伝もなければ極意もないのである。そういう点からみると、平凡な事実のつみ重ねによって築きあげられているのが科学なのである。科学の本質はまさに平凡さのなかにひそんでいるといってよいだろう。

科学と芸術とのちがいもそこにある。ピカソは「芸術は進歩しない」という意味のことをいったそうであるが、それについては賛否いろいろの意見がありうるだろう。

しかし、科学が進歩することは確かである。たとえば三〇〇年むかしのニュートンとくらべると今日の高校生ははるかに多くの科学知識をもっているにちがいない。それは科学を組立てている個々の知識はみな平凡な事実にすぎないし、それは他の人々に伝達可能なものだからである。

そうだとすると科学を神秘化し、魔術視して、雲の上にあげてしまうことは明らかにまちがいであるといわねばならない。

女性は科学に不向きなのか

一定の順序をたどって根気よく勉強していけば、普通の知能を備えた人間には誰でも、もちろん男であろうと女であろうと登っていくことのできるのが科学の道である。ただ一人ひとりの能力によって速度は違ってる。非常にはやい速度で登っていくことのできる人もあるし、ゆっくりと一歩一歩踏みしめなければ登っていけない人もある。ちがいはその点にあるだけである。したがって女性は先天的に科学には不向きであるなどというのはまちがいである。たしかにこれまでの科学を創りだしてきた人々はみな男性であった。アルキメデスもニュートンも、ダーウィンも、アインシュタインもみな男性であった。そのことだけをみると、科学は男性のみの仕事であり、女性は科学者には適しない、という結論を引きだしてみたくなる。だが、そういう結論を引きだすのは早すぎる。第一にこれまで女性には科学を研究して科学者になる機会がほとんど与えられなかった、という大切な事実を忘れているからである。そして、またそういう不利な条件にもかかわらず、すぐれた女性の科学者が少数ながら現われているという事実を無視してしまっている。

例をあげよといわれれば、ソフィア・コワレフスカヤ（一八五〇―一八九一）などそういう例の一つであろう。彼女の生まれた帝政時代のロシアには、女性が科学者になる道はまったく閉されていた。彼女は外国に留学する権利を獲得するためにまったく見ず知らずの男性と形式的に結婚したことにしてドイツにいき数学を勉強し、今日では「コワレフスカヤの定理」と呼ばれている偏微分方程式論の基本定理を打ち立てたのである。彼女は若くして死んだが、それも女性の科学者として生きていくための苦闘が死をはやめたのではないかと思われる。彼女については、伝記『ソーニャ・コヴァレフスカヤ　自伝と追想』があるから、読んでみてほしいと思う（野上弥生子訳、岩波書店)。

もっと後になるとエンミ・ネーター(一八八二―一九三五)がある。今日「抽象代数学」といわれている数学の一分野をきり開いたのは、このエンミであった。「女性は実際的で具体的な思考はどうやらできるが、抽象的で理論的な思考は不向きである」などという人があるが、女性のエンミが数学のなかでももっとも抽象的な構成をもつ分野を開拓したという事実はどう説明してくれるだろうか。

ソーニャにせよ、エンミにせよきわめて不利なハンディキャップのもとですぐれた業績をあげたことを忘れてはならない。

女性は科学には適しないということが一般の常識になっているとしたら、そういう常識は打破しなければならない。

近ごろ「女子大生亡国論」とか「女子学生入学制限論」とかいう議論がおこなわれている。戦後多数の女子の大学生が生まれてきたために、いろいろの否定的な現象が現われてきていることは事実であろう。しかしその責任は、すべて女子学生の側にあるとはいえないだろう。多数の女子学生を受け入れる側の物質的精神的な準備が不足しているという事実も否定できないはずである。そういう議論が女子教育の改善を目的として社会の注意をよび起こすためにいわれるのであったら、あえて反対はしないが、本気で女子を大学から閉めだせ、という議論なら反対である。それはとんでもない暴論であるといいたい。

第二次大戦後の科学技術は専門家でさえ予想のできないほどの速度で発展してきたが、これから先の発展の速度はさらに大きくなっていくにちがいない。そのためには、いうまでもないことだが、大量の科学者、技術者が必要になる。そしてそれは男性だけではとても賄いきれないだろうと思われる。もし女子を大学から閉めだしたら、必要な数の科学者、技術者を養成することができなくなるはずである。アメリカやソ連でも最近、めざましい勢いで女性の科学者が生まれてきているのは、そのような社会的要求があるからである。

日本は科学者を必要とする

しかしアメリカやソ連がやっているから、日本もその程度にやれというのはまちがいである。実はアメリカやソ連以上に多くの人材を科学の分野に送りこまねばならない必然性が日本にはある。

アメリカもソ連も使い切れないほどぼう大な物質とエネルギー資源に恵まれた国である。しかし日本はそうではない。国内で自給できる原料はほんのわずかである。それも工業生産力の発展によって間もなく使いつくされてしまうだろう。たとえば中近東に戦乱でも起こって石油の輸入が止まったら、日本は大混乱に陥るだろう。石油に依存している工業はきわめて多いのだから、それらは一斉にストップするだろうし、重油を使っている銭湯も休業ということになるだろう。

そういう日本が一本立ちしていくためには、強い軍隊をつくって力ずくで外国から強奪してくるというのが一昔前の考え方であった。しかしそういう行き方は今日では通用しないことは常識を備えた人にはみなわかってきている。実例は近くにある。世界最強の武力をもったアメリカがアジアの片隅にある小さなベトナムを料理できないでいるという事実はそのことをわれわれに教えてくれている。

日本が豊かな国になるためには科学技術を発展させ、少ない原料に高度の加工をほどこすような工業をもつ国になる以外に道はない。もし、日本がアメリカやソ連と対等になろうとするなら、物的資源の不足を頭脳で埋め合わせていくようにしなければならないし、またそれは可能なのである。そのためにはまず大量の科学者技術者が必要になり、どうしても女性の力を動員しなければならないのである。そうだとすると、「女子大生亡国論」などはそれこそとんでもない「亡国論」だということになる。

そういうことを考えると、「女性は科学には不向きだ」という固定観念を打ち破っておくことがますます必要になってくる。

そのためにまずはじめに女性自身にそういう固定観念を投げ捨ててもらいたいのである。

現在では女性が男性にくらべて幾分か「科学に弱い」ということはいえるだろう。しかしそれは生まれつきそうなのではなく主として教育のせいなのである。戦後になって中等学校では男女共学になり教育は平等になったが戦前には中等学校から大きな差別があった。男子の中学校と女学校とでは教える内容に大きなひらきがあった。だから姉のほうが弟に数学の宿題を教わるという風景がいくらもあったのである。

疑わしいものは信ずるな

それではかりに科学をもういちど勉強してみようという主婦がいたとしたら、どういうことから始めたらよいか、について私の意見をのべてみよう。

私なら、その人にまずデカルトの『方法序説』をよむことをすすめるつもりである。この本は二種類の邦訳がでているので誰にでもすぐ手にはいる（角川文庫・小場瀬卓三訳。岩波文庫・落合太郎訳）。

この本の冒頭には、

「良識はこの世でもっとも公平に配分されているものである」と書いてある。これは一見まったく平凡なことのように思えるが、よく考えてみると、実に重大なことを語っているのである。人間には生まれつきどうしようもない能力の低い人間（たとえば女性）にどうしても理解できないようなことがら（たとえば科学）があるものだ、という固定観念をまっこうから否定しているわけである。

この本はそのような誰にも公平にわかち与えられている良識をもとにして、科学に近づいていくにはどうしたらよいか、ということをきわめて明晰に説きあかしてくれている。

もう少し先にいくと、真理に近づいていくための三つの原則がつぎのようにのべられている。……

「第一は、私が明証的に真理であると認めるものでなければ、いかなる事柄でもこれを真なりとして受けいれないこと、換言すれば、注意ぶかく速断と偏見を避けること、そしてなんらの疑いを挿む余地のないほど明瞭かつ判明に私の精神に現われるもの以外は決して自分の判断に包含せしめないこと、これである。

第二に、私が検討しようとする諸々の難問の各々を、できるだけ、またそれらをよりよく解決するために必要なだけ、多数の小部分に分割することである。

第三は、最も単純で最も認識しやすいものから始めて少しずつ、いわば段階を追うて最も複雑なものの認識に至り、また自然的には相互に先後のない事物のあいだに秩序を仮定しながら、私の思考を秩序だって導いてゆくことである。」

デカルトがのべていることは、これ以上注釈の必要のないほどはっきりとしているが、少しばかり注釈めいたことをかいてみよう。

第一の原則は、簡単にいうと「疑わしいものは信ずるな」ということであり、さらに進んで「とことんまで疑ってみよ」ということにもなるだろう。

これは口でいうのはやさしいが、実はたいへんむずかしいことである。多くの人がインチキ宗教にひっかかってひどい目に会うのは、この第一の原理を押し通すことができないからであろう。実にたあいのない説教に迷わされて迷信に引っこまれる人が、とくに女性のなかに多いのは「とことんまで疑ってみる」という強い精神が欠けているからである。このことは科学ばかりではなく人間がものを考えていくうえでの不可欠の原則である。

だが、「とことんまで疑ってみる」だけでは新しい知識を積極的に獲得していくことはできない。そこで第二の原則が必要になってくる。

どんなにむずかしい問題でも、それをうまく分割するとやさしくなるし、そのやさしい問題を一つずつなしくずしに解決していけば解決できる、ということを第二の原則は教えている。

たとえば中学の代数にでてくるむずかしい式の変形も一挙に解決することは大変むずかしいばあいでも、いくつかの段階に分けていくと、ごく平凡な公式をただ組み合わせるだけで目的を達することができる。はじめに科学は平凡な事実のつみ重ねにすぎないから、誰にでも理解できるようになっている、といったのはこのことだったのである。ただやさしい問題を一つひとつ解決していくには忍耐力を必要とすることは事実である。短気でせっかちの人にはできないことである。

その原則は科学のすべての分野で支配している普遍的な法則であるといってよい。化学は複雑な物質を元素という単純な物質に分け、まずその元素の性質を研究して、それらの結びついてできた化合物の問題におよんでいく。生物学は生体を構成している細胞の研究をおこなって、それをもとに複雑なものを理解していこうとしている。これはいわゆる分析と総合であり、平たくいえば分けることとつなぎ合わせることである。

卑近な例をとると、コロッケをつくるのにもこの分析と総合が使われているといえる。ジャガイモをすりつぶしたり、ひき肉をつくったりすることは分けること、すなわち分析に当たるし、それをまるめて団子にして油で揚げるのは総合に当たる。料理も実は分析して総合することであるといえる。人間のやっていることは大むねそうだといえないこともない。

第三の原則も、そのことを別の角度からのべている。第二の原則が分析を強調しているとすると、第三の原則は総合の面に力点を置いているというちがいはあるが、同じことの裏表をいっているようにみえる。

科学に近づいていくための秘伝があるとしたら、まさにこの三つの原則がその秘伝であり、その他になにもないのである。この三つの原則は、科学を学んでいくためにいつの瞬間でも忘れてならない基本原則である。

たとえば勉強していて難問にぶつかってわからなくなったらどうするか。そのときは第二の原則にしたがって、その難問をできるだけやさしい問題に分割してみて、それらを一歩一歩解決していくようにしてみるとよい。さらにそのやさしいと思われる問題が解けなくなったら、そのときはとことんまで疑えという第一の原則にしたがって、出発点そのものをつくり直すように努力してみることである。あるいは第三の原則にある秩序のたてかたにまちがいがあると気づいたら、そのつくりかえにつとめるといい。そういう心がけは科学者の研究などという高級な活動ばかりではなく、子どもの勉強のような初歩的なことでも必要である。

子どもが難問にぶつかったときには、先に進むことを一時やめて「ふり出し」にもどることを教えてやるとよい。「ふり出し」というのはデカルトのいう「最も単純で最も認識しやすいもの」であって、そのふり出しにもどりさえすれば誰でも理解できるはずであるし、そこからもういちど歩き直してみるのである。気短かな人にはむずかしいことであるかも知れないが、結局はそれが時間的にもはやく解決に到達できるものである。

せっかちな子どものなかにはわからない問題に出会うと、それをとばして先へ先へと進んでいこうとする子どもがいるが、それはまちがった勉強法であり、そういうときは「ふり出しにもどる」ことを教えてやらねばならない。

もちろんそれはおとなの勉強でもまったく同じである。いつでも「ふり出しにもどる」ことのできる気の長さと、そこからもういちど歩き直すがまんづよさがあれば、科学というものは誰にでもわかるようにできているのである。

数学勉強法

現代社会は数学を求めている

数学勉強法と再勉強法

「数学勉強法」という題で、みなさんのご参考になるかもしれないことをお話してみたいと思います。

最近、私は、もう社会に出て活動しておられるおとなの方から、よくこういう質問を受けます。自分は、学生時代にはどうも数学はきらいだった。試験をパスするくらいだけ勉強して、卒業したとたんに、もう数学とは縁切りだと数学の本なんか売りとばしてしまい、さっぱりしてたいへん嬉しかった。けれども、最近になって仕事のなかに数学を使わなければならないことがたくさんでてくるようになり、いやだけれども、もう一回、勉強しなければならなくなった。その場合に、どういうふうに勉強したらいいか——というようなことを何人かの人に聞かれました。そういう方のご参考にもなるかと思いまして、「数学勉強法」という話をしてみたい。

もちろん、いま、学校で数学を勉強しておられる方にも参考になると思います。いま、勉強しておられる学生さんは、どうしてもやらなければいけない、やらなければ学校を卒業できないから、やむを得ずやっている。そういう方は〝勉強しろ〟といわなくてもいいでしょうが、しかし、いやいやながらやっているのと、数学を勉強したら、将来、どんな役に立つかということをじゅうぶん知った上で勉強するのとでは、だいぶ心がまえが違います。

そういう意味で、両方の方のご参考になると思います。だから、〝数学勉強法〟であると同時に、学生時代にやった数学をもう一回やりたいという方のためには、これは〝数学再勉強法〟ということになります。そういう二つのねらいをもってお話ししたいと思います。

さっきの質問のなかに、〝昔、学校を卒業してしまえば、数学なんかもう用がないと思っていた。しかし、最近になって数学がたいへん必要になってきた〟というのがありましたが、これはどうしてこういうことになったかという点を、まずお話してみたいと思います。

事業計画への数学の進出

ここ数年来、数学がいろんなところに使われるようになってきた。いままでは、数学が使われる範囲はごく限られておりました。数学を使うのは理工科系、つまり、工場の技師とか、あるいは学校の先生であった。それから数学をほんとうに使っていたのは保険会社で、保険料の計算などに数学がかなり使われていた。そのくらいしかなかったのですが、最近はそうではなくて、普通の会社でも、ちょっと大きい会社になりますと、そうとう程度の高い数学を使っています。会社をどういうふうに経営したらいいか。つまり、会社の企画をたてるときに数学が使われるようになってきました。

たとえば、私は、今日、福島から自動車でエコー・ライン（蔵王道路）を越えてこちらへ来たわけですが、あのエコー・ラインは道路公団で作ったということですが、こういう大きな仕事をやるときには、かならず前もって計算をしてからやるはずです。つまり、こういう道路を、これだけの金をつぎ込んで作ったら、どのくらいの人が通るだろうか、と考える。とくに、あそこは有料道路ですから、自動車がどのくらい通るであろうかを計算する。かりに自動車が一台も通らないとしたら、まる損になってしまうからです。

ところが、さて、どのくらい通るだろうかという予測を立てる場合にも、まず、あそこのあいだの通行料をどのくらいにするかということが、また大きな問題になるわけです。あまり高い値段をつけてしまうと、通る台数が少なくなる。かりに一万円とつけたら、おそらく通る自動車がなくなって、少しくらい遠回りしても、あそこは通らないことになる。また、あまり安くすると、今度は利益が上がらない。どのへんでおり合うかということは、計算して出しているはずです。おそらく、こういう公共的な仕事は、そういうことを当然やっているはずです。普通の営利会社は、もちろん損をするとたいへんですから、そうとう真剣にこういう計算をしています。

しかし、最近、国鉄で東海道新幹線を作って、八〇〇億くらい足りなくなったというのを聞きましたが、どうも、これは計算しないで、こういう計画を立てたのではないか。これは国家が跡始末をしてくれるから、安心してこういうことをやったのでしょうが、税金をとられる国民からすると、たいへん迷惑な話です。これは、おそらく計算をあまりしなかった一つの悪い例ではないかと思います。

こういう企画は、だいたい学校は法科・経済・文科と、いままでに数学をあまり使わない学科を出た方がやっている。ところが、こういうふうになりますと、そういう方も、どうしても自分で計算したり、式を立てたりしなければ、仕事がやれなくなってきた。つまり、いままで数学があまり要らなかった職業に、数学が要るようになってきた。それも大幅にそういうことになってきました。

裁判や社会保障にも数学がいる

二、三年前に、私は裁判官を養成するある研修所で数学の話をしてくれと頼まれたことがあります。裁判官の試験を通って、それから何か月か入所して勉強する研修所です。そこが私に数学の話をしてくれと頼みにきたわけです。そこで私は、裁判官に数学が要るのですか、どういう点で数学が要るのか、どうもわからないから教えてくれと言ったら、その研修所の主任の方の話はつぎのようでした。

いままではたしかに裁判官には数学は要らなかった。法律をよく知り、法律の判例をよく知っていて、公平にやってくれればよかったが、これからはそうはいかなくなる。そういう時代が近いうちにかならずくる。というのは、罪を犯した人を裁判官が調べて、有罪か無罪かということをきめる。そこまではいままでとたいして変わらないだろう。しかし、この程度の罪なら、この程度の刑罰にする。懲役何年、罰金いくらという、つまり、量刑をきめる段階になると、いままでのようにではなくて、もっと精密な計算をしてきめるようにならなくてはいけないし、おそらくそうなってくるだろう。そうなってくると、裁判官は数学を知らなくてもいいとは言えなくなってきた。どうしてもかなりの程度の数学を扱えるようになってくれないと困る。だから、数学の話をしてもらうのだという返事でした。

そう考えると、なるほど、裁判官という仕事にも最後には数学が要ると思ったわけです。懲役何年という、その何年というのは明らかに数量であります。数量ですから、数学がそこに関係してくる。それをきめるのに公平なやり方を考えようと思うと、数学を使う必要がおこってくるわけです。

あるいは、最近、社会保障というようなものが行きわたってきている。日本はそれほどではありませんが、英国などは社会保障がひじょうに行き届いている。むし歯に金冠をかけるのに無料でいいかどうかというので、大きな政治問題になった例があります。そうなると、たとえば、病気になっても、ただで入院できる。しかし、病気になって、完全に治りきるまで病院にいられるかというと、そんなに入っていたら、あとがつっかえて、他の人が入れなくなる。そこで、適当なところまで治ったら退院してもらって、あとは自宅療養。そうしませんと、病院のベッドがふさがってしまって、ほんとうに病気の重い人が入れないという結果になる。そうなると、どの程度、治ったかというのが、だれが見てもわかるようなものさしが要ります。

日本の場合は、かならずしもそういうのが一定していない。病院によって違う。あるいは余裕のある人はいつまでも入っていたりするわけです。ところが、社会保障になると、それを公平にしなければいけない。そうなると、どうしても、そうとう面倒な計算をしないと、病院に入院するルールがきめられないということになる。こうなると、厚生事業をやっている人もかなり数学が必要になります。

集団現象と数学

あるいは、最近、大都会では大きな問題になっていますが、自動車がふえすぎていっぱいになって、道が通れなくなってしまう。東京など、朝晩のラッシュ・アワーには自動車がつっかえて、「お急ぎの方はお歩きください」と言わなくてはならなくなっている。こういう問題を解決するには、一局部だけ考えたって、とうてい解決はできない。東京全体なら、東京全体の交通量、あるいは自動車がどこの町をいちばんよく走るか、こういう調査を綿密にした上で、おそらくそうとう複雑な連立方程式を立て、それを解かなくてはならない。そこまでやらないと、ほんとうの解決はできないと思う。そうなると、交通行政に携わる人も、かなり数学を知らなくてはいけなくなってきます。

広告会社などでも、東京や大阪のように大きな都会については、どの町角は人間がどれくらい通るという綿密な調査をしています。たとえば、東京ですと、銀座の四つ角は八時から九時までのあいだには何人ひとが通る、九時から一〇時までは何人、そういう調査が綿密にしてあります。何十か所というところで、その調査がしてある。そして、それをもとにして、その町角にどのくらいの大きさの広告塔を建てたら、どのくらい効果があるだろうか、というような計算を実際にしているのでしょう。そんなものは商売上の秘密ですから、数学を使って、いろんな計算をやっているということは、他所の人にはなかなかわかりません。しかし、これは大事な仕事になっています。

だから、お役人になるにも会社員になるにも、いままではほとんど数学が要らなかったのに、数学が要るようになってきた。そのために学校時代には数学の要らない学科と思って文科系に入ったのに、出たらとたんに要るようになってきた。それでもう一回、勉強したいけれども、困る、どうしたらいいか、そういう人が多くなってきたのでしょう。

これは日本だけの現象ではなくて、世界のどこでもこういう現象が起こっております。私は数学でメシを食っているから我田引水で、数学が、将来、おおいに要るようになるということを宣伝するのだろうとおっしゃるかもしれません。そういう面もなきにしもあらずですが、けっしてホラを吹いているわけではない、事実であります。つまり、いままで数学なんか要らなかった方面に数学がどんどん入ってくるということは既成の事実であります。ですから、数学に弱いというふうになると、これからたいへん損をする世のなかになるということは言える。活動範囲が狭くなる。逆に、数学に強いという自信があって、数学がどんどん使えるという能力を持っていたら、活動範囲がたいへん広くなる。そういうことは言えると思います。

戦争と数学

数学が社会現象に適用されるという傾向は、そんなに昔からではありません。だいたい第二次世界大戦後の著しい傾向であります。どうして戦争がきっかけになったかというと、戦争に、こういうやり方を使ってうまくいったからです。戦争というのはたくさんの生命を犠牲にし、たくさんの物資を消耗する仕事であります。やりそこなったら、負けてしまうという仕事であるために、一生懸命いろんな問題を考えるということは事実であります。

この戦争の作戦のなかに数学をはじめて使ったのは英国だそうです。英国はご承知のとおり島国である。戦争がはじまったとたんに、ドイツの潜水艦に取り巻かれてしまった。それで食糧が輸入できなくなった。英国は、だいたい六割くらいの食糧を外国から輸入している国ですから、これは死活問題である。そこでどうしたらいいか。それには二つの方法がある。まず第一に、なまの食糧をそのまま輸入して食べるというやり方。もう一つは種と肥料の形で輸入して、いったん英国の農民が作って、それを食べる。その二つの方法のどちらがいいか、これはなかなかわからない。というのは、両方とも一長一短があるからです。

なまの食糧で輸入すると、すぐ食べられて、お百姓さんが苦労しなくてもすむという点はたいへんいい。そのかわり、食糧はかさばるわけですから、ひじょうにたくさんの船を必要とする。その輸送船を持ってくるのには護衛艦隊を必要とする。そこで、たくさんの駆逐艦・巡洋艦を護送のために割かなければならない。そうすると、海軍の戦闘力がそれだけ弱まる。それからたくさん船を持ってくると、それだけ沈められる率も高くなる。こういうことが欠点です。種と肥料で持ってくると、船は少なくてすむ。そのかわりすぐには食べられない。少なくとも半年くらいは間があるわけです。種を播いて、肥料をやって、それが実をつけるまで待たなければならない。お百姓さんが苦労するわけです。

それで、一長一短のあるものは、どっちがいいかなかなかきめられない。どうしたらいいかというときに、英国は数学者や経済学者、あるいは物理学者、こういった学者で研究のチームを作って、そこへ研究を命じた。その人たちがどういうふうにやったかというと、そういう複雑きわまる問題を、たいへん複雑な連立方程式に立てて、それを解いて、一つの方針を出したわけです。そのとおりをやったら、たいへんうまくいったのだそうです。それに味をしめて、戦争に数学を使うというようになってきたのです。

それ以来、連合国はみんなこれをやったようです。たとえば、戦争の末期になって、日本の特攻機が現われて、最初はそうとうの損害が出た。これに対しても、やはり、数学者やその他の学者に対策を命じた。その人たちが、特攻機がどのくらいの角度で突っ込んでくるか、などというようなことを綿密な調査をして、艦隊の上に戦闘機による円錐形の防御網を張って守るということを考えた。それにはどのくらいの角度で配置したらいいかというようなことを計算して出した。そうしたら、特攻機による被害がほとんどなくなったということであります。

ほかにもたくさん使っているでしょうが、秘密だから、全部は公開していないかもしれません。私は専門家ではありませんが、そういう話を専門家から聞いています。

社会の数学化がすすむ

こういうやり方はべつに戦争ではなくても、平和の仕事にもそのまま使える。会社の経営、さっき言った道路公団の仕事などです。

二、三年前でしたか、下関と門司のあいだに自動車と人道の海底トンネルができました。汽車のトンネルはずっと前からありましたけれども、人道と自動車道路は、つい二、三年前にできた。こういう大きな仕事をやるときは、やはり、前もって綿密な計算をして、こういうものを作ったら、どのくらい自動車が通り、どのくらい人が通るだろうという計算をしてからはじめます。そうしませんと、たいへん損をするおそれがあります。そういうデータをもとにして通行料をきめたりするわけです。そういう前もってやる計算には、数学者がたくさん委嘱されています。

そのほか小さい規模の仕事だったらいくらでもある。たとえば、バスの会社が新しいバス路線を作ろうというときにも、いろいろな問題があるわけです。停留所をどのへんにしたらいいか。このへんは部落が密集しているからここがいいとか、あるいは料金をどのくらいにしたらいいとか。それで、この料金をきめる問題だって、さっき言ったように痛しかゆし、一長一短があります。あまり高くすると、乗り手が少なくなるからだめです。あまり安くすると、乗り手が多すぎて、結局、全部運べないということになる。どのへんでおり合うかというようなことは、常識ではちょっときめられない。やはり計算できめる。これは、いわゆるマキシマム、ミニマムの問題になるわけです。それをやるのとやらないのとでは、やはり、だいぶ違いがあるわけです。つまり、精密な計算の上でやったのとではかなり違いがある。こういうのは、別に原料をたくさん使うわけではなく、なんにもしなくて利益が上がるから、たいへんこれは安上がりになってくる。そういうわけで、こういうことが盛んに、いま、行なわれている。ただ、これは商売上の秘密であるから、あまり公開していないわけです。だから、あまり世間に知られていません。

数学のきらいな方には、たいへん憂鬱な話かと思うのですが、そういう時代になってしまった。商売にも数学を使うということは、一面から言うと、たいへんせちがらい世のなかになってしまったわけです。しかし、われわれは二〇世紀の後半に生まれてしまったのだから、しようがない。やはり、これはなんとかして数学に強くなるようにしたほうが得だと思います。

数学ぎらいはなぜ生まれるか

入学試験が数学をゆがめる

第二番目の問題として、数学のきらいな人が、なぜそんなにたくさんできてしまったかということです。これは、数学がきらいになった方には参考になると思います。簡単に言いますと、いままでの数学を教えるときの内容とか、やり方のなかによくない点があったからです。第一に要りもしないむずかしい問題をやりすぎたということが言えます。しかも、そういう要りもしない、むだだと思えるようなことをやることがいつまでも続いているのはなぜか。それは入学試験のせいです。入学試験が数学教育というものをゆがめ、数学に対する世間一般の考え方をゆがめてしまった。数学は、本来、そういうものではないのに、数学はあんなものだと思い込ませてしまったのです。

入学試験とはどういうものかというと、私も、毎年、入学試験をやる側の人間であって、あまり大きなことは言えません。おまえはなぜ、毎年、やっているかと言われると、困るわけですが、割り切って言うと、入学試験は入学させるためにやるものではなくて、あれは落とすためにやる試験なのであります。かりに五〇〇人しか収容能力のない学校に一〇〇〇人の志願者があったら、どうしても五〇〇人の人にあきらめてもらわなければいけない。そのあきらめのきっかけを作るために試験をやっているようなものです。なにか理由を作らなければいけないわけです。

高等学校から大学に入るときに、高等学校卒業だけの実力があればよいのだったら、本来は全部大学に入れていいわけです。そういう試験だったらしてもいいわけですけれども、大学でいまやっている試験はそうではなくて、高校を卒業した実力があっても、競争に勝たなければいけない。いくらできても、よりできる人があったら、入れないわけです。つまり、落とすことを前提にして問題は作られている。だから、あらゆる受験者が全部できるような問題はけっして出さない。そういうものを出したら、意味がない。全部一〇〇点だったら差がつかないから、一〇〇〇人のうちから三〇〇人とって、七〇〇人にあきらめてもらわなければならないとしたら、だいたい三〇〇人ができて、七〇〇人くらいができないような問題を出す。入学試験の問題を作る人は、みんなそうやって考えて作っているのだろうと思います。入学試験の勉強をしている方にはたいへん残酷な言い方かもしれないけれども、実際はそういうものなのです。

それで、落とすためには、どうしてもひねくれた問題が出る。このへんはどうもひっかかりそうだというところをなんか所か作ってある。それにひっかかった人はできない。そういうものにひっかからない人だけがふるわれて残って、満点をとれるようになっている。つまり、入試の問題はどこかひねってある。素直に考えると、ひっかかるようになっているものが多い。だから、入試の勉強ばかりやっていると、ひねくれた考えが発達してしまう。入試を勉強しているうちはしようがないでしょうが、これが数学のほんとうの姿だとは思わないほうがいいのです。

数学というのはもっと素直で平凡な考え方ができればいいのです。そういう考え方がほんとうは役に立つ。平凡で素直な、あたりまえのことがあたりまえにできれば、十分に役に立つようになっている。曲芸のような考え方というのは、入試にパスする以外にはあまり役に立たない。現実の社会で数学を使うような場合には、素直で平凡な考え方のほうが役に立つ。入試は、ワナにひっかからないように歩くという術ばかり発達させるきらいがあります。戦場のように地雷源があって、地雷がほうぼうに埋めてある。その地雷を踏みつけないようにうまく歩いていく。そういう術は発達する。しかし、数学というのはもっともっと伸び伸びした素直な考え方です。そういうことをわかっていただけると、たいへんいいと思います。

鶴亀算は程度の低い数学

しかし、入学試験がある限りひねくれたものが数学教育のなかにいつまでも残るわけです。たとえば、小学校の五、六年になると、鶴亀算とか過不足算とかいうのがでてきます。そういうのがまた、だいぶ盛んになってきて、私は困ったことだと思っていますが、あれも、やはり、入試から起こっている。公立の中学校へ入るには、入学試験はありませんからいらないのですが、私立の中学校にはよくああいう入試問題を出す学校があるのです。それで優秀な生徒をとろうというつもりかもしれないが、あんなものができたからといって優秀な生徒とは言えない。しかし、とにかくできなければ入れないから、やむを得ず、ああいう問題を練習するわけですが、ああいう問題はあまり役に立ちません。

鶴亀算というのは、みなさん経験されていると思いますが、代数の方程式を教わったら、なんなくできてしまう。このあいだ、私の親戚の中学生がやってきて、ひじょうに怒っているのです。どうしてかというと、中学へ行って代数を教わったら、小学校のときに苦労して鶴亀算でやったものがすぐできてしまった。そんなにやさしいものだったのに、なぜあんなに苦労して勉強したのか。バカをみた、やらされて損をしたと怒っているのです。みなさんもそういう経験をされていると思います。

鶴亀算というものには考え方のコツがある。それは、鶴と亀を合わせて何匹というときに、亀も鶴と考えろというのです。それさえわかれば解けるのですが、亀を鶴と考えろということは、素直な子どもにはたいへんひねくれたことです。これに抵抗を感ずる子どものほうが、私は素直で正しい思考方法が発達していると思います。

なぜそんな不自然な考え方を教えるかというと、昔はこういうのが国定教科書に載っていたから、やむを得ずやっていた。昔は国定教科書は絶対だったから、これに載っていれば、どうしてもやらなければいけなかったのです。そこで、先生たちはひじょうに苦労してこれを教えた。苦労したあげく、たいへんうまい指導方法を考えた。それは、亀を鶴と考えろというのをなんとか考えさせようと思って、つぎのように教えた。それは亀が前足をひっ込めたと考えろ、そうすると、鶴と同じに足が二本になるというのです。だが、連立方程式を知っていると、そういう考えは式の計算のなかでしぜんとわかってしまう。鶴亀算の起こりは中国ですが、中国では鶴と亀ではなくて、ウサギとニワトリであった。鶴と亀ならいいのですが、ウサギになると、もう前足をひっこめられない。うまい具合に、亀のような足のひっこめられる動物でよかったわけです。

四則難題は数学の横丁みたいなもの

こういうようなひねくれた、特別の考え方、クイズのような考え方、こういうのはけっして数学の本道ではない。これが数学だと思うと、とんでもないまちがいである。数学はけっしてクイズやパズルや、つめ将棋のようなものではない。もっと正々堂々とした素直な考え方である。だから、小学校のときに鶴亀算がどうしてもできなくて、おれは数学は宿命的にできない、頭がそうなっているのだとあきらめている人がいたら、これはたいへんなまちがいです。そんなものはできなくたって、数学を勉強するのにちっともさしつかえありません。普通の常識のある人なら、数学はわかるはずです。また、そういう人がわかる数学でじゅうぶん役に立つのだと言えます。ただ数学者になるにはいろんな考え方ができなくてはいけない。これは別です。しかし、数学を使っていろんなことをやろうというのには、素直な考え方だけでよろしい。だから、鶴亀算ができなかったからという理由で劣等感に陥っている方は、どうか、そういうのを改めていただきたい。

また、中学へ行きますと、幾何のむずかしい問題があります。最近はそれほどではありませんが、旧制中学の時代には、幾何のむずかしい問題をずいぶんやらされました。あれができないから、どうも自分は数学の能力がない、と思っている方、これも、そう考える必要はないのです。あれができなくたって、数学を理解することはじゅうぶんできる。初等幾何のむずかしい問題というのは、数学から言うと、大通りではなくて、裏通りから入った小さい横丁みたいなところです。そんなところでまごまごするのはたいへん損です。

初等幾何のむずかしい問題というのは、もう過去の数学である。あんなものは知らなくてもいっこうにさしつかえない。私なんかも中学の時代に、ああいうむずかしい問題をずいぶんやったものですが、数学で飯を食うようになっても、ああいうむずかしい問題を使って研究をしたことは一回もない。なんの役にも立っていない。まあ、ああいうものをがまんして考える忍耐力くらいは養えたかもしれないが、そういうものを養うのだったら、もっとほかのものがよかったと思うのです。

それから、代数でいうと因数分解。これも、むかし、ずいぶんやりましたけれども、あの因数分解も、それほど大事ではない。教科書にあるぐらいはやってもいいのですけれども、ああいうものができなかったから、自分は数学ができない、こう思う必要はすこしもない。ですから、大部分の人が数学に対する劣等感をなくしさえすれば、いろんな方面に使われているくらいの数学を理解するには、すこしもさしつかえないということを申し上げたいのです。

数学の上手な学び方

数学は単純なことを積みかさねた学問

さて、このへんで数学を勉強するにはどうしたらいいか、という本題に入りたいと思います。数学を勉強するには、数学というのはどんな性格を持った学問であるかということをあらかじめ知っておく必要がある。これは、じつはたいへんむずかしい問題で、残りの二、三〇分でお話することはとてもできません。しかし、大まかにお話することならできる。

ほかの理科とか社会科とか、あるいは地理・歴史、こういう学科と数学を比べてみると、似ているところと違っているところがあります。

まず第一に、数学は単純なものからはじめて、だんだん複雑になっていくということです。これは別に数学だけの特徴ではないでしょう。はじめは単純なものをしっかりやって、それを組み合わせて複雑なものをやるようになっています。英語でもそうです。一年生の英語のはじめは簡単な文章です。"This is a pen." ぐらいで、はじめから二、三行にわたる長い文章や関係代名詞がいくつも使ってあるような文章はやらない。やりたくても、やれない。やっぱり単純な文章をたくさんやって、それを積み重ねて複雑なものができるようになっています。

数学はこういうやり方がとくに徹底している。式を計算するにも、いきなり多項式からはじめるのではなくて単項式からはじめる。単項式というのは、文字とか数字をかけ算だけでつないだ式です。たし算ははいっていない。そういういちばん単純な式をたし算やひき算でくっつけたものが多項式です。そういうふうに進んでいく。これがひじょうに徹底している。図形だと、いちばん単純な図形からはじめる。点とか直線とか角とか、こういうものを組み合わせて複雑な図形をつぎにやるようになっています。

これはあたりまえのことみたいですが、このあたりまえのことが、案外、勉強している途中で忘れられてしまうことがあります。どういうことかというと、単純なことをしっかりやれということです。単純だからといって、バカにしてはいけない。はじめは単純なことしか出てこない。バカバカしいくらいやさしいことが最初は出てくる。やさしいからバカにしているうちに、急にむずかしくなってわからなくなってくるのです。

有名な二葉亭四迷の『平凡』という小説があります。これは自叙伝みたいなものだそうですが、中学時代に幾何を教わった話が書いてあります。幾何というのは、最初はバカバカしいようなことをやっているから、人をバカにしていると思って怠けていたら、今度はいつのまにかわからなくなってしまった、ということが書いてあります。これはまさに数学というものの性格をよく言い表わしています。はじめはバカバカしいくらい単純なことが出てくる。それをバカにしてはいけない。しかし、それを組み合わせると、むずかしくなる。だから、わからなくなってくるのです。

ふりだしにもどれ

そこで、複雑なことが出てきてわからなくなったら、どうすればいいかというと、うしろへもどればいい。単純なところまで一回もどるのである。つまり、ふりだしへもどるという心がけがいつも必要です。よく高校の生徒諸君なんかのなかで、わからなくなると、もっとむずかしい問題をやりたがる人があります。そうして、結局、わからなくなる。そうではなくて、うしろへもどるのです。しかし、そんなことをするのはたいへん時間のむだみたいに考えてもどらない。ところが、うしろへもどるほうが、じつはかえって進歩が早いのです。〝急がばまわれ〟で、いつもふりだしへもどる。つまり、いちばんはじめは単純ですから、だれでもわかる。そこへもどって、もう一回、出直せば、かならずわかるようになっている。ところが、それをしない。

これは語学も同じだと思うのです。私たちも中学時代に英語を教わったとき、先生が、字引きをひくのをおっくうがるな、字引きをマメにひかなければいけないといった。字引きをひくというのは、単語の意味をしっかりわかれということです。やっぱり、これも一種のふりだしへもどれという教訓だと思います。これを怠ると、語学は、やはり、力がつかない。おそらくいまでも外国語の先生なんかは、そういうことを言われると思います。字引きを丹念にひけ、ちょっとでもわからなかったら、字引きをひけ、そうすると、自分の知らないような意味が字引きに書いてある。そこから新しい解釈をすることができます。

数学はとくにそうであります。これもたいへん平凡なことですが、あまり平凡すぎて忘れられがちです。このことは、数学という学問が単純なことを積み重ねてできているからです。だから、ある意味で、数学という学問そのものが立体的になっている。知識が平面的に散らばっていないで、積み重ねてある。だから、その大事なところの下がわからないと、上が全部わからないということになる。これが数学の特徴であるし、数学ぎらいが出る一つの原因でもあります。つまり、子どもが数学ぎらいになるというのは、だいたいそういうところからくるのです。

小学校一年や二年の子どもに、いろんな学科のなかでなにがいちばん好きかと聞くと、数学が好きだという子がひじょうに多いのです。子どもにとって数学というのは、一年生や二年生にたいへんぴったりしている。答えがはっきりしているし、自力で解決できるからです。ほかのは、なかなかそうはいかない。百科事典をひいたりしなければ、ぜんぶ自力ではわからない。自分で考え出すことがそんなにできない。なんにも教わらないのに、日本の人口がいくらかということを頭のなかで考え出すわけにはいかない。こういうのは、やはり、年鑑をひいたりなんかしなければできません。

数学では、そういうことをすることは少ない。〝ない〟とは言いませんが、だいたい自力でできる。だから、できたときの成功感がひじょうに大きいのです。ほんとうにできたという感じがする。それから、昨日までできなくても、勉強するとできる。そして、一〇〇点がもらえる。要するに、答えがはっきりしていて、自力で出せるというところが一年や二年の子どもに人気があるのです。クラスでいちばんできるような子どもでも、まちがえたら、やはり、一〇〇点はもらえない。こういう意味では、たいへん民主的にもできているのです。

ところが、だんだん上へ進むにしたがって数学の嫌いな子どもができるというのは、途中でわからなくなるからです。子どもが一か月くらい病気で休んだという場合、ほかの子は大事なことを教わっているのに、自分にはそこがわからないから、あとが全部わからなくなるという子が出てきます。

　私の経験ですが、私は小学校は四年まで田舎の学校で、四年から東京の小学校へうつったのです。そのときに、田舎の学校ではそろばんをやっていなかった。ところが、東京ではやっていた。そこで、そろばんというのは教わらなかったから、どうしてもうまくいかない。私はそろばんの時間のある日は、朝からあまり愉快ではなかった。今でもそろばんは苦手です。

　おそらくそういうことに出会うと、子どもはできなくなる。嫌いになる。嫌いになると、ますます勉強しなくなるから、ますますできなくなる。こういうのがずっと積み重なっておとなになると、数学の嫌いな人がたくさんできることになる。だから、途中でつまずいたときにはかならず取り返しておく。借金をつくらない。借金を一度つくると、どんどん利子がふえて、もう払えなくなってしまう。だから、借金の小さいうちに、丹念に払っておく必要があります。

数学には急所がある

　もう一つは積極的な勉強法ですが、前にいったように、数学という学問は積み重ねになっていますから、ある意味では、できるだけ程度の高い知識をものにしたほうが得だということです。高い知識をものにしますと、それより低い知識はしぜんにわかるところがある。だから、低いところでまごまごしていないで、できるだけ程度の高いところをしっかり理解するほうがよいのです。

これは一つの例ですが、いまは中学三年で二次方程式の根の公式というのをやるわけです。ところが、数学の歴史でいうと、この二次方程式を最初に解いた人は、いまから一〇〇〇年くらい前に出た、アラビアの大数学者、アル・クアリズミです。当時はアラビアのほうがヨーロッパより文化が進んでいて、むしろ先進国であった。ところが、アル・クアリズミが一〇〇〇年前に解いた二次方程式というのは、一つではなかった。だいたい五、六種類の式であった。

$$ax^2 = bx$$

$$ax^2 = c$$

$$ax^2 + bx = c$$

$$ax^2 + c = bx$$

$$ax^2 = bx + c$$

というのは、そのころはマイナスとか0とかいう数を使わなかったので、一つの式に書けなかった。いまだったら、

$$ax^2+bx+c=0$$

と書くわけですが、彼は五つの方程式をべつべつに解いたので、たいへん骨もおれ、覚えるのもたいへんだったと思います。いまの中学生は、なんてバカなことをやったと、きっと思うでしょう。ところが、当時のいちばん偉い数学者すらが、こういうまずいことをやっていた。というのはなぜかというと、マイナスや0という数を知らなかったからです。マイナスという数を知っていると、一〇〇〇年前の数学者よりも、いまの中学生のほうがずっと利口になってしまうのです。いまの

$$ax^2+bx+c=0$$

という方程式の根の公式

$$x=\frac{-b\pm\sqrt{b^2-4ac}}{2a}$$

を知っていれば、アル・クアリズミの五つの解き方は全部できてしまうわけです。いまの人は、昔はこんな苦労をして解いたということをご存じないでしょうが、実際にマイナスという数がいかなる威力をもっているかということがわかる。だから、マイナスという、アラビア人からすると、程度の高いものを早く知ったほうが、労力がたいへん少なくてすむわけです。こういうことが数学にはいっぱいあるわけです。だか

ら、程度の高いところをねらって、そこを攻略する。低いところでまごまごしていないことです。

これは前にお話した鶴亀算とも、ちゃんとうまく合うわけです。今では鶴亀算・過不足算・年齢算・旅人算など何々算という名前のついているのが二五種類くらいあるそうです。私はそのなかで数種類しか知らない。あんなもの知らなくても、数学でけっこうメシが食えるわけですから、素人の方はなおさら要らないということです。入学試験に出るから、そういうものが残っているのです。代数の方程式を知ってしまうと、みんなそれで解けてしまう。だから、代数をやったほうが得だということです。二五種類おぼえるよりも、代数方程式を一つ覚えたほうがいいのです。

程度の高い知識を学べ

これは、たとえて言いますと、二五の部屋のあるビルディングのようなものです。その部屋のおのおのが二五の事務所になっている。そうすると、この人びとは自分の借りている部屋だけ開けられる鍵をもっている。となりの部屋まで開けられてはちょっと困るわけです。ところが、ビルの管理人というのは、一つの鍵で全部が開けられるような鍵を持っています。これが、いわゆるマスター・キーです。そういうマスター・キーを持っていないと、いざというときに困るわけです。

代数というのは、このマスター・キーに当たるわけです。二五の何々算というのがみな一つの方法で解ける。この二次方程式もそうです。アル・クアリズミは五つの部屋をべつべつに開ける鍵を考案したわけですが、いまの中学生はマスター・キーを持っているわけです。昔の大数学者ですらもこんなに苦労して、まずいやり方しか知らなかったのに、いまはこんなに威力のあることを実際に教わっている。教科書だと一行くらいで書いてあるから、なんだつまらないと思われるかもしれないが、じつはたいへんなことなのです。要するに、なるべく程度の高いことを教えるべきだし、勉強するほうも、それを心がけるべきです。そのほうがずっと労力が少しですむし、見通しが広くなってきます。

さっきお話したように、私は蔵王のエコー・ラインを越えてきたわけですが、山に登る前はさっぱり見通しがわからない。蔵王山の頂上にだんだん近くなってくるにつれて見通しが広くなって、上に上がれば、歩き回らなくても、ひと目でそのへんの地勢がわかってしまう。山形の近所がどうなっているか、上から見ると、一目でわかってしまう。この二次方程式の根の公式などは、そういう高いところから見ているということになる。低いところをほうぼう歩き回るより、ずっとそのほうがいい。そういうところをねらうべきです。

さっき岩波書店の方が水道方式のことを話されましたが、今日は水道方式のお話をする時間がありません。しかし、あれは、簡単に言いますと、じつはそれです。つまり、小学校の低学年の場合には、その高い見通しを与えるマスター・キーに当たるのはなにかというと、位取りの原理なのです。つまり、位取りの原理を子どもがしっかり早くつかめば、計算はしぜんにできるようになる。そのためにどうしたらいいかという方法にすぎません。だから、できるだけ高い知識をねらうべきだという原則を応用したのが水道方式にすぎません。

この原則は、べつに小学校の数の計算ばかりではなくて、中学校でも高等学校でも大学でも、みんな同じです。程度の高いことをなるべく早くものにするということが大事です。

時間がまいりましたので、いちおうこのへんで終わります。ご静聴ありがとう存じました。

数学も社会も変わった

戦争と数学

最近、といっても、とくに第二次大戦後、あるいはここ十数年といったほうがいいかもしれませんが、数学という学問がいままでよりはずっと社会全体の中で使われるようになってきた。数学で飯を食っている人びとも驚くくらい、いろいろなところに数学が使われるようになった。それはどういうわけかということから、まず考えてみたいと思うのです。

それには二つの原因が考えられるわけです。それは、数学と社会というものを、いちおう二つの対立するもののように考えてみたときに、社会のいろいろなあり方が変わってきたということが一つと、もう一つは数学そのものが、とくに二〇世紀になってから非常に変わったという二つの原因があると思います。

まず社会がどう変わったかといいますと、昔は数学を使わないでも済ませられたようなことが、最近になって、集団的な社会現象が多くなってきたために、これをうまく処理するには数学を使わないと正確を期しがたいということがいろいろなところに出てきたといえると思います。その一つに、最近よく使われているＯＲ（Operations Research）というのがあります。これは会社の経営とかいったものに使われておりますが、直訳すれば、作戦研究といったほうがいいと思います。

これは言葉の起こりからいうと、戦略をきめる必要から起こってきて、それが、戦争が終わってから、会社の経営とか、あるいはいろいろな行政、こういうところに使われるようになってきた。戦争というのはたしかに非人道的なことで、非常にたくさんの人命と物資を犠牲にするということから、とにかく何でもやれるものはやってみろというような機運を巻き起こすわけです。ですから、それ以前は数学なんか使わないでもよかったようなところへ無理をして使ってみると、案外うまくいったというようなことがあるわけです。

この数学をはじめて作戦に使ったのは、聞くところによると、英国だったそうです。英国は、戦争が始まりますと、あそこは食糧の六割ぐらいを海外に依存していますので、これをいかにして調達するかという問題が起こってきた。そうすると、二つの方法が考えられる。その一つは食糧をなまで輸入するということ、つまり、植民地などから輸入してくる。もう一つは肥料を輸入して、それを使って作物を国内でつくって調達するといった方法が考えられる。

ところが、両方とも一長一短がある。つまり、食糧をなまで輸入するためにはぼう大な船がいる。そうなると、ドイツの潜水艦にやられる率が大きくなる。輸送船団の大きいものが必要になるし、それだけの海軍力をさかなければならない。そのかわり、なまで輸入してくれれば、すぐ食べられる。そういう点は利点であります。肥料を輸入するほうは船腹はわりあいいらない。しかしながら、それを輸入してきて、国内でお百姓さんがつくって食物にかえなくてはいけない。こういう点では不利である。どういうふうにやったらいいか。

これをきめるのにイギリスの政府はたいへん困って、多数の専門家のチームをつくって、これに対するいろいろな要因を全部数えあげて……、これは膨大な方程式になると思うのです。ちょっとやそっとでは解けないくらい複雑な変数がある連立方程式になる。これを何とかして解いてやってみたら、たいへんうまくいったということから味をしめたといいますか、第二次大戦中にはいろいろなところに使われたそうです。

日本はそういうことはしなかったといわれておりますが、たとえば、戦争末期になって日本の神風特攻隊が出たときには、アメリカがORを使って損害を小さくすることができたというようなことも聞いております。

集団現象と数学

そういうことから作戦研究、オペレーションズ・リサーチという、つまり、数学を一つの社会現象といいますか、そういったものに使うということが出てきた。これは現在では日本の大きな会社でも使われていると思うのです。

たとえば、バス会社が新しい路線をどこかへつくったとします。そうすると、どの辺に停留所を設けたらいいかとか、何分おきに出したらいいかとかが問題になる。料金はどのくらいにしたらいいか。料金をあまり高くすると、人が乗らなくなる。そのかわり少ない人でも儲かる。つまり、そういうかねあいがあるわけです。どのくらいのところで一番いい結果が出るか。いままではおそらく腰だめの判断でやってきたと思うのです。ところが、いろいろな問題が大きくなってくると、腰だめというのはあまり当たらなくなる。そこで、数学の式に立てて方程式を解いてやるというように、いままで数学を使わなかったところへ数学が使われるようになってきた。こういうことがあると思います。

あるいはどこかへ高速道路をつくる。そのときに、いったい、どういう道路をつくったら、どのくらい自動車が通るだろうか。これはつくってみてから知るのではおそいわけです。自動車がほとんど通らないようなところへ高速道路をつくっても、たいへん無駄である。そのときに料金をどのくらいにしたらいいか。そこにも、やはり、そういった痛しかゆしのような問題が起こる。こうなると、どうしてもそこへ数学を使ったほうが正確な判断ができる。そういうことが盛んに行なわれている。

つまり、大量の集団現象といいますか、こういうものには、いままでの常識とか勘とかいうものに限度がきて、それを扱うのに数学を使うということが起こっているわけです。いままでは、数学というのはだいたい自然科学に使っていた。社会科学に使うとしたら、まず保険会社だけであった。むかしは数学科を出まして就職するところというのは、学校の先生と研究者と保険会社に行くしかなかったのです。

明治のはじめに何かの生命保険会社を日本ではじめてやったようなかたに、むかし、知り合いがあったのですが、そのかたに聞いてみたら、いまの保険は非常に精密な計算をしていて、死亡率とか何歳の人はだいたい何歳まで生き残るとかいったような精密な調査をやっていますが、そのころの保険会社はそんなことはまるでなしで保険料をきめておったのだそうです。それでもけっして損はしなかった。そのくらい安全率がとってあった。最近はそういうわけにいかなくなりましたが、保険会社はむかしから数学者を使っておったわけです。

経営や生産計画と数学

新しい道路を計画するにも数学が使われている。たとえば、何年かまえでしたが、関門トンネルに自動車道をつくったわけですが、そのときも相当の数学者が動員されて、そこへトンネルをつくったら、どのくらいの自動車が通るだろうかということを、やはり、まえもって計算してやったそうです。

そのとき、数学者の出した結果と、いわゆる実務のかた、実用家がやった結果とがかなり違ったそうです。数年間は数学者の出した計算がぴたりと当たった。少し時間がたつと、実務家の出したほうが当たったそうです。予想以上にたくさん通るということがわかった。ですから、数学というのは使い方によって非常に近いところはよく当たる。それだけにあまり信用してはいけないということだと思うのです。やはり、現実をよく知っているかたの勘はだいじだということをいっておりました。

また、農業関係のかたが、日本の農業人口はどのくらいになっていくだろうかという計算をやったわけです。だいたい日本の労働人口を、いわゆる工場労働者と農業労働者とホワイト・カラーの三つに分けたとき、そのあいだを一年ごとに職を転ずる人があるわけです。農業から工場へ行く人、逆に工場から農業へ行く人、ホワイト・カラーから農業に行く人もある。そういう調査をやって、だいたい、その移り変わりの度合いがずっと一定だという仮定を置いていきますと、これがどういうパーセンテージに近寄るかということが出てくる。これは確率論というもののマルコフ過程といわれているものになるわけです。そういう計算をやられて、これもかなり当たったようです。

つまり、そういうことは、むかしは必要なかったわけです。社会の変動がそんなに激しくなかった。社会の変化が非常に激しくなってくると、そういう計算をして、ある程度、将来の予想を立てる必要が起こってきた。つまり、集団的な社会現象がたいへん頻繁にあらわれてきて、しかも、それを何とか処理しなければならないという必要が起こってきたわけです。こういうことで、社会科学といいますか、最近は社会現象に数学を使う必要が起こってきた。だから、数学を勉強した最近の学生の就職先がむかしのように先生と保険会社だけではなくて、生産会社というところへたくさん行くようになりました。数学科の学生の求人がにわかにふえて、何十倍になってきております。

それで、数学科の学生数も、旧帝大が七つありますが、各旧帝大でだいたい数学科は一年に一五人ぐらいしか出なかったのに、最近はこれが三倍ぐらい、五〇人以上の定員を持つようになった。そのほか私大などでも数学科を設けるところがたいへん多くなって、いま、毎年、数学科の卒業生が数千人出るようになっています。そのくらい社会的需要が大きくなったということです。これがいまいったような社会の変化、社会が非常に数学を必要としてきたという第一の理由だと思います。

数学の性格も変わった

第二の理由は、数学そのものが変わった、とくに二〇世紀になってから変わったということです。最近は経済とか法律とかというところでも、むかしよりはずいぶん数学をたくさんやらなければならないようになったわけです。それは、やはり、そういう変化に対応する必要から起こっていると思うのです。

ところが、おそらくみなさんが学校でおやりになった数学とはだいぶ趣がちがう数学が二〇世紀に出てきた。この二〇世紀から新しく出てきた数学を〝現代数学〟と呼ぶことにいたします。これはだいたいだれでもそういっております。これは〝現代の数学〟という意味とはちょっとちがいまして、〝現代の数学〟というと、いつの時代でも現代ですから、その時代の数学という意味なのですが、〝現代数学〟というと、やや固有名詞的な意味になりまして、ある特定な見方による数学というものが出てきたということになります。

この現代数学が数学というものの適応する範囲をたいへん広げたということです。みなさんが勉強された数学は、おそらくは現代数学以前の数学であった、せいぜい〝近代数学〟であったと思うのです。そういう意味で、これからは主として現代数学とはどんな数学なのかということを勉強されたらいいと思うのです。

そんなことをいいますと、むかしの近代数学すらも忘れたのに、二〇世紀になってからの現代数学なんていってもわかりっこないではないか、とお考えになるかもしれませんが、それはかならずしもそうではないのです。現代数学というものは近代の数学をある程度は飛び越してもわかるようになっています。つまり、sin、cos の定義を忘れてしまっても、現代数学というものは理解できる。現代数学がわかって、あとで必要があったら、sin、cos を勉強したってけっこういいのです。そういう、みなさんが忘れてしまったような数学は、ある程度はいらないのです。そのくらい現代は数学の性格が変わった。

ですから、みなさんが、もし現代数学というのはなかなかおもしろそうだ、ひとつ勉強してみようとお考えになったら、案外おもしろいのではないかと思います。それはたいへん意外なことかもしれません。数学というものは積み上げでできている、つまり、小学校の算数から中学の代数というふうに、途中が一か所でもわからなかったら、その上はわからぬというふうにお考えかもしれませんが、かならずしもそうではない。あいだを飛ばしても、つまり、近代の数学は十分わからない、あるいは忘れてしまっていても、いきなり現代数学に取りついても勉強ができる、そういう性格のものなのです。

学問というものが非常に大きく変わるときには、そういうことが起こるわけです。つまり、古いことをみんな知らないでも、新しいことが十分に考えられるようになっている。古いことをたくさん知っている人間がかならずしも学問を発展させるわけではない。とくに数学みたいな学問は、あまりもの知りでない、二〇歳代の若者がだいたい新しい数学をつくるといわれているのはそのためです。二〇歳代ですから、古いことはあまり知らない。しかし、新しいことを考えることはできる。数学には、そういった性格があります。

現代数学というものはあんがい常識に近づいているということです。数学を知らないかた、一般のかたの常識に近づいている。つまり、数学というのはだんだん、だんだん上に上に発展していけば、もう梢のほうは下からは見えないくらい高くなっている。そういう部分もありますが、学問とか、あるいはいろいろなものの考え方の進歩とかには、そういうものは一度無視して、いきなり根源から、もう一回やり直すということがたくさん起こるのです。現代数学もややそれに近いわけです。

あとがき

これは、私が雑誌や本に書いた文章のなかで、文化としての数学にふれたものを集めて一冊の本にまとめたものである。（巻頭の「文化としての数学」は今回新たに執筆した。）もっとも年代の古いものは二〇年近くむかしに書いたものもあるほどで、それぞれの時代によって、かなりニュアンスの異なるものもあえてとり入れることにした。だからそのなかには矛盾していると思われるものもあるかも知れない。そのほうがかえって読者にとってはおもしろいかも知れないと思ったのである。本書が、文化としての数学を考えていくうえでの手がかりになってくれたら、と願っている。

もとになったものの発表年と典拠はつぎのとおりである。

これからの社会と数学――一九六八年、佐渡高等学校での講演「数学はなんの役にたつか」より、『数学教育ノート』所収、国土社

数学と現代文化――一九六二年、『数学と社会と教育』所収、国土社

専門の違った人たちとダべってみる――その一――一九七〇年、東京工業大学退官記念最終講義「数学の未来像」より、『数学と社会と教育』所収、国土社

専門の違った人たちとダべってみる――その二――一九七〇年、原題「数学とその周辺」、『数学と社会と教育』所収、国土社

数学は単純で素直である――一九六〇年、原題「単純で素直な学問」、『数学のきずな』所収、学生社

数学は特殊な言語である――一九六八年、原題「数と言葉」、『数学のきずな』所収、学生社

数学は学問的に孤立する危険をもつ――一九七〇年、「数学教育の位置づけ」より、『数学と社会と教育』所収、国土社

数学も時代の支配的イデオロギーに規定される――一九六九年、「数学の社会的役割」より、『数学と社会と教育』所収、国土社

数学は自然や社会を反映する客観的知識――一九五六年、「数学教育の目標」より、『講座 学校教育⑧算数』所収、明治図書

数学も人間を形成する――同前

数学はほんとうに論理的か――『数学セミナー』一九七三年四月号所収、日本評論

社

数学と方法——一九五六年、「数学教育の目標」より、『講座 学校教育⑧算数』所収、明治図書

数学の発展のために——一九五六年、『科学史と科学教育』所収、大日本図書

数学の歴史的発展——一九六七年、『講座 現代科学入門、第一巻、現代の数学』所収、明治図書

現代数学の主役＝構造とはなにか——同前

構想力の解放——一九六九年、『講座 現代科学入門、第一〇巻、現代科学の世界観と方法』所収、明治図書

科学への道——一九六六年、原題「女性に与う三つの原則」、『数学のきずな』所収、学生社

〔増補〕

数学勉強法——『図書』一九六三年八月号所収、岩波書店

数学も社会も変わった——原題「現代社会と数学」の一部、『都市銀行講義集22』一九七〇年一一月

遠山啓――西日のあたる教場の記憶

吉本隆明（詩人・思想家）

遠山啓さんが突然亡くなった。いま記憶のなかから西日の落ちかかった階段教室で、重たいゆっくりした口調で「量子論の数学的基礎」の講義をすすめている遠山啓さんの姿を思いうかべる。現在まで何べんその情景を思いうかべただろう。生涯のうちに変形したり細部にこだわったりしながら繰返し想像的に再現する大切な情景があるとしたら、わたしにとっていつでもとり出されてくる数すくない情景のひとつである。あれは敗戦の余燼がまだ醒めない時期のことであった。

遠山さんは詰め襟の国民服を黒か紺に染めたような粗末な服を着ていた。講義の内容は量子化された物質粒子の挙動を描写するために必要な数学的な背景と概念をはっきり与えようとするものであった。わたしははじめて集合・群・環・体・イデヤアル・ヒルベルト空間・演算子などの概念に接して、びっくりしていた。そしてむさぼるように講義を聴きつづけた。敗戦にうちのめされた怠惰で虚無的な学生のわたしが、一度も欠かさずに最後まで聴講したたったひとつの講義であった。怠惰なくせに職人的な教授たちを馬鹿にしきったひとりの学生を何が惹きつけたのだろう。つぎつぎに繰りひろげられる抽象的な代数概念が、いままで思いこんでいた数学とまったく異っていた驚異ももちろんあった。また薄い膜をつぎつぎに剝いでゆくように、それまで難解におもわれた化学結合の量子論的な扱いが、軽く容易なものにおもわれてくる興奮もあった。けれど、もっと大きいのは遠山さんの淡々とした口調の背後に感得されるひとつの〈精神の匂い〉のようなものの魅惑であった。ほかは空洞のように静かになった学校のその西日のあたる教場で、ああ、これが〈学問〉ということなのだな、とはじめて感じていた。わたしは怠惰でとうてい駄目だが、わたしに〈学問〉を学校の講義で感じさせたのは遠山さんがただ一人であった。

遠山さんの〈精神の匂い〉は、ひとくちにいえば大学の教授の一般的なタイプである、頭のいい坊ちゃんという印象とまったく異ったところからきていた。人間の本性にある怠惰とデカダンスをよく知っていて、それを禁欲的な強い意志で制御した上に数学を築いているというふうに理解された。このような〈精神の匂い〉は、怠惰と虚無に沈みこんでいたわたしにはすぐに嗅ぎわけられるようにおもわれた。なぜそう感じられたのかとあらためて問うてみると、あまり確かな手がかりはみつけられない。講義の内容は切れ味の軽快さよりも抜群の重味を、整合性よりも構想力の強さを背後に感じさせるようなものである。このような印象は、あるひとつの対象を理解するために不必要なほどの迂回路をとおって到達した証拠であるようにおもわれた。もっと別の言葉でいえば対象を否定し嫌悪したものがその対象にむかって独力で到達したときのもどかしさと力強さとのふたつが結びついていた。

わたしの精神状態は最悪であった。富山県魚津の動員さきの工場で敗戦にあうと、建設していた中間プラントの装置類を壊し、書類を焼きはらって、どういう混乱になっているのか、何がおころうとしているのかまるでわからない東京へ舞いもどった。そしてすぐに母親の疎開さきである福島県須賀川の農家に引こんでしまった。母親といっしょに畠仕事をして過しながら、東京でおこる出来ごとによってはここに居ついて生活の糧を得ることになるかもしれないとかんがえていた。

国家ははたして敗戦後も存続しうるのか。大学なるものは存立が許されるものなのか。本土内での抗戦はおこりうるのか。はたして人々はどうやって生存と生活の手段を獲得したらよいのか。こういうことの一切が未経験で不明であり、一切の指示がどこからも与えられなかった時期が、いま存在していた。

厳密にいえばそれは敗戦後の数カ月であったかもしれないが、たしかに国家が権力を喪失した混沌の時期が存在していた。わたしは母親と土地の農家から借りたわずかばかりの畠を耕しながら、何がおこるかわからないその何かを、ただじっと待っていたとおもう。またどこからくるかわからない確かな指示を、それが何であれ望んでいた。けれども私が何度でも確認したいとおもうのは、この無権力的な混乱の時期に、わたしたちは何かをおこすことも何かの指示をうけとることもなかったということである。つまりは左右を問わずすべてどんな勢力も諸個人も、何の構想力も力ももっていなかった。このことは無条件降伏であったか否かという法制上の論議の以前に、はっきりさせておかなくてはならない。また誰がどう弁解しようと無権力の、いいかえればどんな勢力や諸個人が何をしてもいい真空状態は確実にあったにもかかわらず、どんな勢力も諸個人もその可能性を〈視る〉ことも、また空洞を〈発見〉することさえもできなかったのである。

みじめなことにわたしは殻にこもった蝸牛のような疎開さきの農家の生活から徐々に頭をだして、東京がどうなっているか、学校がどうなってゆくのかを確かめてくると言いのこして上京した。

大学はもっと酸鼻をきわめていた。無気力でうやむやのうちにずるずると再開されようとしていたのである。はしゃいでいるのはとんだ一夜漬けの馬鹿だけだとわたしにはおもわれた。敗戦とはなにか、大学とはなんなのか、学問とはいったいなにかに回答することなしに、大学がまたぞろ再開されようとする姿が醜悪で、嫌悪だけがどうしようもなく内訌してくすぶっていた。そんなおおきなことをいわなくてもいい。すでに動員さきの工場や農村生活で、ある意味では放埒で、ある意味では年齢よりもはるかに生活経験と荒っぽい工場生活を積んでしまったまま、方途をなくした状態で、静かで無気力で惰性的な学業の世界に復帰しようとしても、簡単に精神のきり換えがきくはずがなかったのである。毎日が暗鬱で、何をする気もなかったし、現実の社会状勢はただ嫌悪しか誘わなかった。

そんなとき遠山さんは校門の左側にあった掲示板に特別講義「量子論の数学的基礎」の貼り紙を掲げて無償の講義にのりだしたのである。このことは何を意味したかは、偶然その貼り紙を眼にしたわたしの精神状態には明瞭であった。わたしにも主題にたいするいくらかの知的な渇望がのこっていたことは確かだったが、そんなことは大した問題ではなかった。敗戦とはなにか、大学とはなにか、そして〈学問〉とはいったいなにかについて確乎とした構想をもち、それを公開するだけの気力と蓄積とをこの学校の小使さんのような詰め襟すがたの壮年の教師が内包していることを意味していた。そしてもっと潜在的な領域にまで拡大すれば、無権力の混沌とした敗戦期に、ただひとりなにをなすべきかをじぶんの事実世界の場所から心得ている人間がいることを意味したのである。わたしは怠惰で虚無状態の学生だったがすぐにこのことを理解できたとおもう。数学上の業績に限定すれば、遠山さんよりも優れた業績をあげた同時代の代数関数論の学者はいるかもしれない。けれど総合的な構想力と洞察力と識見を包括して遠山さんに匹敵する数学者が存在するはずがなかった。むしろそれだけの思想家が存在するはずがなかったといっても誇張ではない。領域の特殊性からみて数学と音楽の世界には天才的な職人が存在できる余地がある。わが国の数学者と音楽家の優れたものはほとんどこれにちかいといって過言ではない。だが遠山さんはまったくその対称に位置するものであった。数学のような純粋理念の学を研究するにも、なお怠惰なデカダンスや迂回路や落ちこぼれの純粋体験が有効であることを身をもって立証しえている唯一の数学者だったろう。わたしが数学者としての遠山さんにつきあったのは「拡張された因子および因子群」の発表を聴きにいったのが最後であった。時間が超過しても時計台の時計を会場の窓のそとにちらっと視やり、悠然として何かつぶやいて思わず会場の哄笑を誘った遠山さんの姿をいまでも眼にうかべることができる。

わたしはすぐに遠山さんの講義にとびついた。そしてむさぼるようにして知的な飢えを充たしていった。いま考えるとその講義をつうじて遠山さんから無言のうちにうけとった〈学問〉の概念は、けっして新しいものではなかった。わたしは旧きよき時代のドイツかどこかの大学では、騒然たる社会情勢の下でも驚天動地の戦乱のなかでも、このような寂《しず》かにそして潜熱のように〈学問〉が授受されたのだろう、というようなことをよく空想した。物心ついてから、がさつな生活と戦争と敗戦の荒廃しからず、およそ教養の匂いなどひとかけらももっていないわたしには、この講義がつくりあげている稀にみる稠密な潜熱のような雰囲気が貴重なもののようにおもわれた。

遠山さんは後年、大学紛争のあとでその頃を回想している。

そのことについて私に一つの思い出がある。八月十五日から九月、十月にかけて、工場動員にでていた学生たちがぼつぼつ大学にもどってきた。しかし、大学は荒涼としていて、なにもない。塔の上の大時計は十二時をさしたまま何年間も動かなかった。学生たちは、あの時計はいつも正午で、いつも空腹だということを象徴しているといって笑った。

そういうときのこと、数人の学生がやってきて、なんでもいいから講義してくれという。ぼくたちは大学にはいったが、工場動員の連続で、ロクな教育を受けていない、だから、講義というものに飢えているのだ、という。

私は運よく戦災にもあわず、比較的に余裕もあったので、学生の希望におうじて講義をはじめることにした。今日でいう自主講座だから、単位などというものはいっさいなしである。それでも毎回二百名ちかくの学生がききにきた。こちらもしぜんと熱がこもって、三時間か四時間ぐらいぶっつづけに講義した。

率直にいうと、長い教師生活のなかで、そのときほど熱をこめて講義したことはなかったような気がする。講義をきくほうも、するほうもなにかに利用しようという目的もなく、まったく無償の行為だったからであろう。(「卒業証書のない大学」)

もちろんわたしは遠山さんに講義をしてくれと依頼にいった学生ではない。そんな殊勝な心がけなどすでにひとかけらも持ちあわせないどん底の落ちこぼれであった。だからこそこの講義に衝撃をうけたのだともいえる。遠山さんには敗戦の打撃からおきあがれない若い学生たちの荒廃をどこかで支えなければという使命感が秘められていて、その情感と世相への批判が潜熱のように伝わってきた。それを理解することが数学上の概念を理解することと同一であった。わたしは怠惰と無垢と不信をあたためてすべてを白眼視していたから、遠山さんと直接に出会えるはずがなかった。けれど心は決定的な衝撃をこの講義からうけとっていた。むしろ敗戦のあとにもう一度生きてみようかという微光のようなものを遠山さんの講義からうけとっていた。

このうけとり方は遠山さんの潜熱のような教育上の使命感の埒外にあるものだったろう。わたしは、ひとはひとに影響を与えることも影響をうけることもできない、という太宰治の言葉が好きだ。この言葉はひとはひとに教えることもひとから教えられることもできない、ということをも意味している。遠山さんはわたしに教えたのではなかった。だからわたしは教えられたのだ。遠山さんはわたしに教えた。だからわたしはそのことを教えられなかった。多くの学生たちのあいだには教授はただ敬遠すべき偽善者たちであり、大学は諸悪の根源であり、ただ通過すればいいと考えている怠惰でひねこびた箸にも棒にもかからない暗鬱な存在がきっといる。かれらに取柄があるとすれば、ただ無垢で無償でありたいという願望だけだ。わたしはそんな学生のひとりであった。遠山さんの教育理念と情熱をもってしても、このような存在は落ちこぼれるほかないにちがいない。だがわたしの信じているところではこのような存在の地平を解明するところに膨大な未知数の課題が開かれているはずであった。

少なくともわたしにたいして遠山さんは、理念が落ちこぼしたものを最終的には人格で拾いあげていた。後にわたしがあらゆる職から断たれて途方にくれていたとき、アルバイトの就職口を探してくれた。わたしはお蔭で長いあいだ生活の破産を免れることができた。

わたしのイメージのなかで生成している晩年の遠山さんは、新たな視点から数学基礎論の建設に向おうとしているようにおもわれた。数学基礎論ということで遠山さんが考えていたのは〈構造〉の概念を駆使して数や図形の集合の意識学をつくりあげることであったようにおもえる。点・線・面などの概念をもとに作りあげられた図形の概念が、純粋な意味では実存の物体とは何のかかわりもなく成立する〈理念〉の概念であるにもかかわらず、その図形の学である幾何学が自然や事実の世界における物体の運動にたいして純粋な記述でありうるのはなぜか、そのことは意識にとってきわめて重要なある段階を意味するという発見から着想して、フッサールが意識の幾何学ともいうべき純粋現象学を建設していったとすれば、遠山さんはたぶん数と図形の集合の意識学ともいうべきものを構造的な同型の概念をもとにして基礎づけようと考えていた。遠山さんの名著『代数的構造』のなかでその萌芽ともみられる記述がみつけられる。ある数とか図形とか事実の概念とかの集合があって、その集合が任意の〈理念〉によって関係づけられているならば、それは〈構造〉と呼ぶことができる。そしてこのばあいに〈理念〉なるものが問題となる。フッサールは純粋現象学を構成するにさいして、たとえば三角形が大小や形態のちがいにもかかわらず、誰によっても同一の直観像を形成しうるのはなぜかという問いから発して、このように誰によっても実在の物体や知覚の相違にもかかわらず誤解の余地なく同一のものと認知されうるような対象概念を〈理念〉のひとつの態様とかんがえた。そして〈理念〉を構成しうる与件としての純粋意識と志向性と対象性の構造の概念のうえに、意識の理念の学である現象学をつくりあげていった。いま、数学的な集合を関係づける〈理念〉もまた、現象学における〈理念〉とおなじように意識のある相関性であることがたぶんきわめて重要な意味をもっている。遠山さんは数学的な〈構造〉がたんに恣意的でないための条件として、その構造が実在の世界にたいして内在する普遍性をもっていなければならないこと、さらにそれが〈構造〉であるかぎり〈美しく〉なければならないことを挙げている。そしてこのばあい〈美しく〉ということは、群のような単純で明瞭な姿をもつものを意味している。なにが問題なのだろうか。数学的な〈構造〉の与件となる〈理念〉は、意識の相関性であるかぎり無限の自由度をもっている。けれど他方では〈理念〉であるかぎりにおいて、無限にある度合の普遍性を融解して高次の普遍性にゆくに相違ないことである。ここに数学基礎論のもっとも重要な課題が潜んでいるようにみえる。数学者たちはつぎつぎに〈構造〉を融解して新たな構造をつくりだしてゆくにちがいない。だがかれらはじぶんたちが何をしているのかを内省し基礎づけることはありえない。ここで内省とか基礎づけとかいうのは、数学者たちがひとりでにやっているフッサールのいわゆる（einklammern）を解除してみせることに該当している。その内省を介して数や図形の集合の意識学ともいうべきものが〈構造〉の無限の上昇と、事実や自然の世界とを結びなおさなければならない。

遠山さんのもっていた哲学と文学の素地は、おのずからその方向をさしているようにおもわれた。あの徒労にも似た強靭な数学教育の方式の創設と実行の背後にあって、遠山さんをささえたのは基礎論の研鑽と整序された構想であったろう。わたしたちは数学と哲学のその融合の姿をみる日をもうもつことができなくなってしまった。

『追悼私記』（ちくま文庫・二〇〇〇年八月　筑摩書房）より転載
初出：「海」（中央公論社　一九七九年十一月）原題・遠山啓さんのこと

『文化としての数学』　一九七三年一〇月　国民文庫・大月書店
二〇〇六年一一月　光文社文庫

「数学勉強法」　『遠山啓著作集　数学論シリーズ7　数学のたのしさ』
（一九八一年四月　太郎次郎社刊）所収

「数学も社会も変わった」　『遠山啓著作集　数学論シリーズ6　数学と文化』
（一九八〇年九月　太郎次郎社刊）所収

編集付記

一、本書は『文化としての数学』（二〇〇六年一一月　光文社文庫）を底本として文庫化したものである。文庫化にあたり、光文社文庫版の吉本隆明による巻末エッセイを再録し、「数学勉強法」「数学も社会も変わった」を増補した。

一、底本中、明らかな誤植と考えられる箇所は訂正し、難読と思われる語には新たにルビを付した。

一、本文中、今日の人権意識に照らして不適切な語句や表現が見受けられるが、著者が故人であること、執筆当時の時代背景と作品の文化的価値に鑑みて、底本のままとした。

中公文庫

文化《ぶんか》としての数学《すうがく》

2021年9月25日　初版発行

著　者　遠《とお》山《やま》　啓《ひらく》

発行者　松田陽三

発行所　中央公論新社
〒100-8152　東京都千代田区大手町1-7-1
電話　販売 03-5299-1730　編集 03-5299-1890
URL http://www.chuko.co.jp/

DTP　平面惑星
印　刷　三晃印刷
製　本　小泉製本

Published by CHUOKORON-SHINSHA, INC.
Printed in Japan　ISBN978-4-12-207113-1 C1141